D1924633

Werkzeug und Material

Fast alle Materialien, die ihr für die Experimente in diesem Buch benötigt, sind im Haushalt oder im gewöhnlichen Schreibwarenhandel zu finden. Falls ihr einmal etwas nicht bekommt, sucht euch einen passenden Ersatz – dabei müsst ihr nur eure Fantasie spielen lassen. Das Ergebnis muss nicht unbedingt genau so aussehen wie im Buch. Hauptsache, es gefällt euch!

Für die meisten Experimente reicht einfacher Alleskleber. Manchmal wird Tapetenleim gebraucht. Falls doch einmal stärkerer Klebstoff nötig ist, achtet gut darauf, dass ihr damit nicht an eure Kleidung oder Haut kommt! Lasst euch lieber von einem Erwachsenen helfen.

Deckt die Arbeitsfläche immer gut mit Zeitungspapier ab, damit keine Möbel beschädigt werden. Denkt auch daran, alte Kleidung anzuziehen.

Achtung!

Geht mit scharfen oder spitzen Gegenständen wie Schere, Messer oder Cutter vorsichtig um. Bittet einen Erwachsenen um Hilfe, wenn ihr sie benutzt.

Geniale Erfinder, bahnbrechende Ideen und einfache Versuche

1. KAPITEL

Große Erfinder

Inhalt

Warum ist Archimedes so berühmt?

Ein griechischer Mechaniker und Mathematiker, der von etwa 285 v. Chr. bis 212 v. Chr. lebte, wurde zum erstaunlichsten Erfinder der antiken Welt. Er studierte und lehrte außerdem Geometrie und Physik und machte in beiden Bereichen wichtige Entdeckungen. Seine Kriegsmaschinen wurden bei der Verteidigung von Syrakus gegen die Römer erfolgreich eingesetzt.

Archimedes kam aus Syrakus, einer Stadt in Sizilien unter griechischer Verwaltung. Er hatte schon als Junge großes Interesse an Mathematik und seiner Umgebung.

Am besten konnte man die griechische Kultur aber nicht in Griechenland studieren, sondern in Ägypten. Also zog Archimedes in die Handelsstadt Alexandria.

Als er seine Studien in Alexandria beendet hatte, kehrte Archimedes nach Syrakus zurück, wo er im Auftrag von König Hieron II. arbeitete.

WAS ERREICHTE ER?

- Archimedes beobachtete, wie Arbeiter schwere Steinblöcke schleppen mussten und fragte sich, wie er diese Arbeit wohl erleichtern könnte. Er befasste sich mit Hebeln und erläuterte ihre Funktionsweise.
- Dann erklärte er vor König Hieron, dass er die Welt bewegen könne – oder mit anderen Worten, dass man mit Hebeln und Flaschenzügen Dinge bewegen kann, die viel schwerer sind als man selbst.
- Der König wollte Beweise sehen. Also baute Archimedes ein Flaschenzugsystem auf, das er an einem voll beladenen Schiff anbrachte. Zum Erstaunen des Königs konnte Archimedes das Schiff tatsächlich bewegen!

Archimedes machte seine berühmte Entdeckung des Prinzips der Wasserverdrängung, als er gerade ein Bad nahm.

Königsbetrug

König Hieron verdächtigte einen Goldschmied, dass er einer Krone Silber beigemischt habe, die aus reinem Gold bestehen sollte. Er bat Archimedes herauszufinden, ob man ihn betrogen habe. Archimedes löste das Problem, indem er in eine randvoll gefüllte Badewanne stieg. Er wog das Wasser ab, das dabei überfloss, und fand heraus, dass die Wassermenge seinem Körpergewicht entsprach.

Daraufhin tauchte Archimedes die Krone unter Wasser und wog die durch sie verdrängte Wassermenge ab. Er verglich das verdrängte Wasser mit der Wassermenge, welche die gleiche Menge reinen Goldes verdrängt. Die Krone hatte mehr Wasser verdrängt, da das beigemischte Silber sie schwerer machte. Der Goldschmied hatte den König also tatsächlich betrogen und wurde dafür enthauptet.

Nützliche Geräte

Archimedes gilt als einer der besten Mathematiker aller Zeiten. In der Geometrie tat er sich vor allem in der Berechnung von krummlinig begrenzten Flächen hervor. Diese Methode wird ähnlich wie die Differenzialrechnung auch in der modernen Mathematik angewendet.

Seine Erkenntnisse bilden die Grundlage für ein mathematisches Teilgebiet, das man als Hydrostatik bezeichnet – die Lehre von den Kräften in ruhenden Flüssigkeiten. Seine Entdeckung, dass Dinge unter Wasser die Menge an Flüssigkeit verdrängen, deren Gewicht ihrem eigenen entspricht, wurde als archimedisches Prinzip bekannt. Er erfand eine Menge nützlicher Geräte – seine Pumpe zur Bewässerung wird in manchen Gegenden heute noch eingesetzt. Er konstruierte Hebelmaschinen und Flaschenzüge zum Lastentransport und baute Kriegsmaschinen, die dabei halfen, Syrakus gegen die Römer zu verteidigen.

Der Fall von Syrakus

Die Römer belagerten Syrakus, weil sie die Stadt in ihr Reich eingliedern wollten. Als Syrakus schließlich eingenommen wurde, ordnete der römische Feldherr Marcellus an, dass die Bewohner keinen Schaden erleiden sollten. Bevor Archimedes trotzdem von einem Soldaten getötet wurde, soll er ausgerufen haben: »Störe meine Kreise nicht«, weil er gerade mit einer Geometrieaufgabe beschäftigt war.

Archimedes plante die Verteidigung von Syrakus mit einem Zirkel und anderen geometrischen Instrumenten.

Marke Eigenbau: Bade-Duo

Ihr benötigt:

- Ton oder Modelliermasse
- ein Modelliermesser
- Acrylfarbe und Pinsel
- transparente Folie
- Schere
- Folienstift
- feste Pappe
- eine Heftklammer
- Frischhaltefolie
- Kleber

1 Modelliert eine Badewanne mit Standfüßen aus Ton oder Modelliermasse. Lasst sie trocknen und malt sie an.

2 Schneidet einen großen Kreis aus transparenter Folie aus und stecht ein Loch in die Mitte. Zeichnet auf eine Seite mit Folienstift zwei Taucher und malt sie mit Acrylfarbe aus.

3 Malt eine Badezimmerwand auf ein Stück dicke Pappe und den Zimmerboden auf ein um 90° abgeknicktes Stück.

4 Befestigt die Taucherscheibe mit einer Heftklammer an der Badezimmerwand. Die Scheibe muss sich noch drehen lassen.

5 Stellt die Badewanne dicht vor der Taucherscheibe an der Wand auf und spannt ein Stück Frischhaltefolie über die Wanne. Legt etwas zerknüllte Frischhaltefolie als Wasserlache darunter.

Dreht an der Scheibe und die Taucher springen abwechselnd in die Wanne!

Künstler, Forscher und Erfinder?

Leonardo da Vinci war ein hochbegabter Mann mit vielseitigem Talent. Der weltberühmte Maler und Bildhauer gilt auch als einer der bedeutendsten Erfinder aller Zeiten und befasste sich u. a. intensiv mit dem Studium der Anatomie, Architektur und Mechanik. Da Vinci wurde 1452 im italienischen Ort Vinci geboren und starb 1519 in Frankreich.

1482 zog Leonardo von Vinci nach Mailand, wo er am Königshof arbeitete. Seine Stadtplanung half zwei Jahre später, die Pest aufzuhalten

Als ein französisches Heer in Mailand einfiel, zog er nach Florenz, wo er als Architekt und Mechaniker für den Sohn des Papstes arbeitete.

1516 verließ er Italien und ging nach Frankreich, wo er als Gast des Königs lebte. Er füllte über 40 Notizbücher mit Ideen und Skizzen, die zum Teil nach seinem Tod verloren gingen und jahrhundertelang unentdeckt blieben.

WAS ERREICHTE ER?

- Er arbeitete in all seinen Berufen. Von Leonardos berühmten Notizbüchern wurden ca. 4000 Seiten überliefert.
- Leonardo verbrachte so viel Zeit damit, seine Arbeit zu verbessern, dass einiges unvollendet blieb. Für die »Mona Lisa« brauchte er vier Jahre.
- Die menschliche Anatomie faszinierte ihn. Er öffnete mehr als 30 Leichen und fertigte Zeichnungen mit seinen Beobachtungen an.
- Seine Entwürfe von Flugmaschinen wie Schraubenpropellern und Flugzeugen sowie von Unterseebooten waren ihrer Zeit mehrere Hundert Jahre voraus (auch wenn nicht alle funktioniert hätten).

Leonardo erfand viele neue Kriegsmaschinen, die in den häufig miteinander im Krieg liegenden italienischen Stadtstaaten sehr begehrt waren.

Moderne Ideen

Leonardo erfand so viel, dass man kaum alles erwähnen kann.
Aus Begeisterung über Vögel und das Fliegen entwarf er eine Flugmaschine und einen Fallschirm. Der Fallschirm hätte tatsächlich funktioniert, und die Flugmaschine verriet, dass er die Grundprinzipien der Aerodynamik von Strömung und Auftrieb verstanden hatte.

Für die Unterwasserforschung zeichnete er einen Taucheranzug mit einem Helm für Atemluft. Außerdem hinterließ er Skizzen für zahlreiche Geräte wie Pumpen, Kräne, Hebel und Knarren, die Bewegungen nur in eine Richtung übertragen. Vor seinem Tod entschuldigte sich Leonardo dafür, dass er »so Vieles noch nicht erledigt« habe!

Die Renaissance

Zu Leonardo da Vincis Zeit war Europa von einer Bewegung geprägt, die man als die Renaissance bezeichnet, was wörtlich »Wiedergeburt« bedeutet. Es kamen unzählige neue Ideen auf, und viele alte wurden wiedererweckt. Die Künste erlebten eine nie gekannte Blütezeit, und in der Naturwissenschaft, Bewegungslehre und Medizin wurden enorme Fortschritte erzielt. Leonardo wurde zum Symbol der Renaissance.

Ein wichtiger Meilenstein war die Eroberung Konstantinopels, der Weltstadt der Gelehrten, durch die Türken 1453. Von dort gelangten dann viele Schriften des klassischen Altertums nach Italien. In Deutschland war inzwischen eine Druckerpresse erfunden worden, mit der Bücher vervielfältigt werden konnten, die nun viel mehr Menschen erreichten als vorher. Auch den Banken und Kaufleuten ging es glänzend, was wiederum den von ihnen geförderten Künstlern und Forschern half.

Leonardos Gemälde „Mona Lisa" wurde wegen des geheimnisvollen Lächelns dieser anmutigen Erscheinung weltberühmt.

Geheimschrift

Leonardo hielt seine Entwürfe und Gedanken in Notizbüchern fest. Damit niemand seine Ideen stehlen konnte, benutzte er dafür eine Art Code: eine linkshändige, rückwärts gewandte Spiegelschrift. Darin verfasste er sogar eine Anleitung für Scherzartikel wie etwa eine Stinkbombe!

Erfinder-Wortschatz

Aerodynamik
Auftrieb
Fallschirm
Knarre
Renaissance

Marke Eigenbau: Schraubenpropeller

Ihr benötigt:

- eine Kunststoffschale
- einen großen Kunststoffdeckel
- eine Kunststoffflasche
- Schere • Basteldraht
- Kleber • Papprolle
- 3 Styroporbecher
- farbige Pappe und Papier
- doppelseitiges Klebeband
- einen Holzspieß
- Acrylfarbe und Pinsel
- Sternaufkleber

1 Klebt den Deckel auf die Kunststoffschale und danach das Oberteil einer Kunststoffflasche auf den Deckel.

2 Dreht Basteldraht um eine Papprolle, sodass drei Spiralfedern entstehen. Trennt die Unterteile von den Styroporbechern ab und klebt die Federn in die Becher. Bringt die Federn wie abgebildet unter dem Deckel an. Bohrt ein Loch in den Flaschenverschluss und steckt einen Holzspieß hinein.

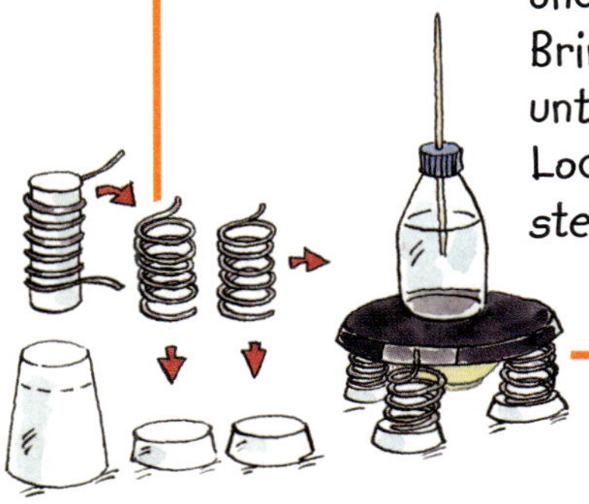

3 Schneidet aus bunter Pappe drei verschieden große Kreise aus. Macht ein Loch in die Mitte und schneidet jeden Kreis halb ein. Klebt ein Ende der kleinen Scheibe dann an ein Ende der mittelgroßen Scheibe und dieses wiederum ans Ende der großen Scheibe.

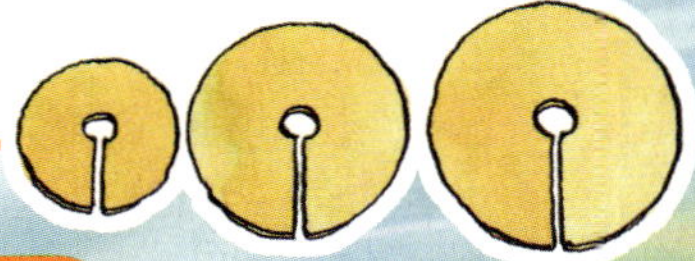

4 Schiebt diese Pappschraube auf eine Papprolle, die so groß ist, wie die Mittellöcher der Schraube. Schneidet unregelmäßige Kanten glatt und klebt die Schraube fest.

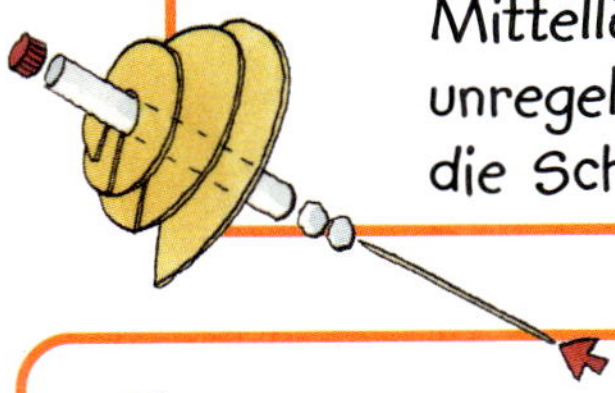

5 Drückt kleine Styroporstücke in der Papprolle fest und steckt sie auf den Holzspieß. Klebt gefaltete Pappsitze um die Flasche herum und malt alles bunt an. Schmückt den Schraubenpropeller mit Sternaufklebern.

Wer erfand den Buchdruck?

Der gelernte Goldschmied Johannes Gutenberg war ein Buchdrucker, der Mitte des 15. Jahrhunderts eine neuartige Druckerpresse erfand, welche die Welt revolutionierte. Bücher wurden jetzt schnell vervielfältigt und waren viel mehr Lesern zugänglich. Gutenberg lebte von ca. 1400 bis 1468 in Mainz.

Das Vervielfältigen von Schriftrollen und Büchern war eine sehr mühselige Arbeit, die oft Schreiber in Mönchsklöstern erledigten.

Sie benötigten, wenn die Bücher auch wunderschön wurden, für das Abschreiben und Illustrieren jedes Buches viel zu viel Zeit.

Einen schnelleren Weg kannten die Chinesen, die ein Drucksystem aus Holz- und Keramikstempeln erfunden hatten. Aber dieses System war auch noch zu langsam.

WAS PASSIERTE?

- In China waren bewegliche Buchstabentypen erfunden worden. Dabei wurden die Buchstaben einzeln ausgeschnitten und zu Wörtern zusammengesetzt.
- Das dauerte aber recht lange. Es musste doch einen Weg geben, diesen Vorgang zu beschleunigen!
- Gutenberg wollte alle Buchstaben für eine Seite gleichzeitig setzen, einfärben und dann viele Kopien der Seite gleichzeitig drucken.
- Also erfand er Buchstabenstempel, so genannte Lettern, aus Metall, die in Holzformen für jede Seite richtig angeordnet wurden. Wie sollte nun aber gedruckt werden?

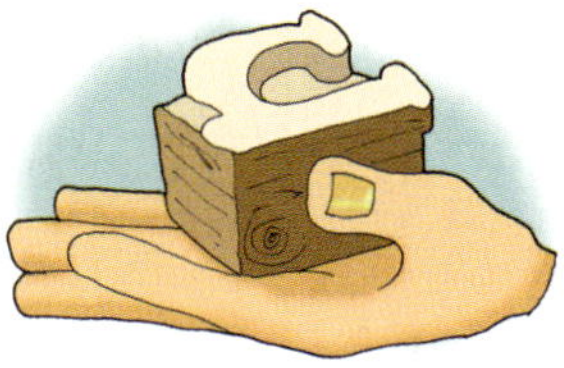

Im Schnellverfahren

Johannes Gutenbergs Druckerpresse war eine revolutionäre Erfindung. Sie brauchte nicht einmal eine Woche, um das Material herzustellen, mit dem ein Schreiber drei Jahre beschäftigt war. Hunderte von Büchern wurden in großen Mengen produziert, was ihren Preis enorm senkte, weshalb sich nun viel mehr Menschen Bücher leisten konnten.

Gutenbergs neue Idee bestand darin, viele Lettern aus Blei und Zinn zu gießen und zu dem Text einer Seite anzuordnen. Wie bei einer Presse fürs Weinkeltern brachte er unter einer Spindel ein Stück Holz an, das als Druckstock bezeichnet wird. Diese Platte drückte das Papier dann auf die geschwärzten Lettern.

Ein Schriftsetzer

Johannes Gutenberg kam aus der Adelsfamilie Gensfleisch zur Laden, aber er nannte sich nach dem Familiensitz seiner Eltern nur Gutenberg.

Als Adliger brauchte er nicht in die Lehre gehen; das Gießerhandwerk lernte er vermutlich von seinem Onkel, der Meister in der Mainzer Münzanstalt war. Mit diesen Vorkenntnissen wagte er sich an eine neuartige Gussform, mit der Metall-Lettern hergestellt werden und dann in gerader Linie gesetzt werden konnten. Zusammen ergaben sie die Druckform. Solche Formen mit vielen Hundert Lettern konnte man auf der Druckerpresse problemlos und rasch auswechseln.

Schneller drucken

Seit den ersten Handpressen hat sich der Druckvorgang unheimlich beschleunigt. Zeitungen werden beispielsweise mit ca. 30 000 Exemplaren pro Stunde gedruckt. Heutige Druckmaschinen können die ganze Bibel (mit etwa 800 000 Wörtern) in Minutenschnelle fertig stellen.

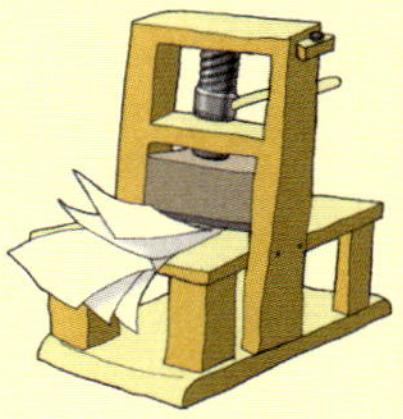

Eine Seite der Gutenbergbibel, die 1457 in lateinischer Sprache gedruckt wurde. Die Buchstaben haben kleine Häkchen an den Enden – so genannte Serifen.

Incipit epistola sancti iheronimi ad
paulinum presbiterum de omnibus
divine historie libris·capitulū pmū.
FRater ambrosius
tua michi munus-
cula pferens·detulit
sil et suavissimas
lrās·q̄ a principio
amicicias·fidē pba-
te iam fidei et veteris amicicie nova:
pferebant. Vera enī illa necessitudo ē·
et xpi glutino copulata·q̄m non utili-

Erfinder-Wortschatz

Druckerpresse
Druckstock
Gussform
Lettern
Schreiber
setzen

Marke Eigenbau: Fadendruck

Ihr benötigt:

- Bleistift
- dicke Pappe oder Schaumpappe (DIN A3)
- Garn
- Schere
- Wasserfarbe und Pinsel
- extra starken Kleber
- festes Zeichenpapier (DIN A3)
- Nudelholz

1 Zeichnet die Umrisse einer Zeichnung auf Pappe oder Schaumpappe.

2 Klebt auf alle Flächen eurer Zeichnung Garnfäden auf. Verwendet verschiedene Muster, damit das Bild nachher unterschiedliche Strukturen erhält.

3 Malt euer Fadenbild zügig mit Wasserfarbe an – die Farbe muss beim Drucken unbedingt noch feucht sein.

4 Legt einen Bogen Zeichenpapier über die farbigen Fäden und geht mehrmals mit dem Nudelholz darüber, wobei ihr überall gleichmäßig fest aufdrückt.

5 Zieht den Papierbogen ab – euer Druck ist fertig! Wenn ein Teil fehlt, malt ihn ein zweites Mal über und versucht es noch einmal.

Ihr Könnt weitere Drucke in anderen Farben anfertigen!

Wer erfand das Radio?

Guglielmo Marconi wurde 1874 in Italien bei Bologna geboren. Er studierte Physik und entwickelte die drahtlose Telegrafie oder Radioübertragung entscheidend weiter. Bis zu seinem Tod 1937 in Rom experimentierte er mit der Langstreckenübertragung von Radiowellen.

Nach dem Studium in Bologna und Florenz ging Marconi an die technische Berufsschule in Livorno, wo er sich auf elektromagnetische Wellen konzentrierte.

Besonders interessierten ihn die Radiowellen, von denen Heinrich Hertz bereits entdeckt hatte, wie man sie über kurze Strecken senden und empfangen konnte.

Auf dem Landgut seines Vaters begann er mit Laborversuchen. Schließlich entdeckte er, dass ein senkrechter Sendemast die Übertragungsentfernung auf 2,4 km verlängerte.

WAS PASSIERTE?

- Die eigentlichen Pläne für einen Apparat zur Übertragung von Radiowellen über weite Entfernungen stammten, wie man heute weiß, von Nikola Tesla. Marconi machte die Erfindung berühmt und führte ihre Entwicklung fort.
- Manche Kollegen von Marconi lachten nur über die Idee, Radiowellen über weite Strecken senden zu wollen. Frustriert siedelte Marconi nach England um, wo er seine Radioexperimente mit Erfolg vorführte.
- So konnte er Signale bis zu 14,5 km weit senden. Schließlich bewies er, dass Radiosignale von Land aus zu Schiffen auf hoher See gesendet werden konnten.
- Aber viele behaupteten immer noch, dass die Erdkrümmung eine Sendeentfernung von mehr als 322 km unmöglich machen würde.

Marconi sendete erfolgreich Radiowellen von Südengland nach Neufundland in Kanada.

Über den Atlantik

Als Guglielmo Marconi 1901 bewies, dass man Radiowellen wirklich transatlantisch übertragen konnte, war das eine weltweite Sensation. Elektromagnetische Wellen oder Radiowellen konnten also auch drahtlos extrem lange Strecken zurücklegen: Daher wurde dieses System zunächst die drahtlose Telegrafie genannt.

Marconis Empfänger hieß Funkempfänger, später Radio. Er fand heraus, dass die Radiowellen viel weiter kamen, wenn man sie erst durch Reflektoren über eine Antenne bündelte. Dank seiner Arbeit wusste man, dass der Funkverkehr über das Radio weltweit möglich war. Er erhielt 1909 den Nobelpreis für Physik.

Antennenpower

Ein Radiosender sendet Wellen auf einer bestimmten Frequenz. Das steht für die Anzahl der Wellen pro Sekunde. Diese Wellen nennt man Trägerwellen. Der gesendete Ton, eine Stimme oder Musik, wird dabei vom Sender in elektromagnetische Signale umgewandelt und von der Trägerwelle getragen. Wenn die Trägerwelle beim Empfänger empfangen wird, werden die elektrischen Signale wieder in Töne umgewandelt.

Guglielmo Marconi fand heraus, dass das gesendete Signal stärker wurde, wenn man es über eine Antenne durch die Atmosphäre schickte. Radiowellen wurden lange als Kurz-, Mittel- und Langwellen gesendet, aber heute verwendet man fast nur noch Hochfrequenzen, wie die Ultrakurzwelle UKW.

Auf Sendung

Auf dem Display eines Radiogerätes befinden sich viele Zahlen, die für die möglichen Frequenzen stehen. Jeder Sender verwendet eine eigene Frequenz zur Übertragung seiner Sendungen. Auf ein und derselben Frequenz hört man also immer denselben Sender.

Ein Radio-DJ sendet seine Musikauswahl auf einer ganz bestimmten Frequenz.

Erfinder-Wortschatz

Antenne
drahtlose Telegrafie
Frequenz
Trägerwelle

Marke Eigenbau: Radarhelm

Ihr benötigt:

- einen Luftballon
- Zeitungsstreifen
- Kleber • Tapetenleim
- Basteldraht • Holzspieße
- Alu-Muffinförmchen
- Flaschenverschlüsse
- Margarinedeckel
- Schere • Alufolie
- Gummiband oder Pappstreifen
- Farbe und Pinsel

1 Beklebt die obere Hälfte des Luftballons mit in Tapetenleim getauchten Zeitungsstreifen.

2 Baut Antennen und kleine Satellitenschüsseln aus Draht, Holzspießen, Alu-Förmchen und Flaschenverschlüssen.

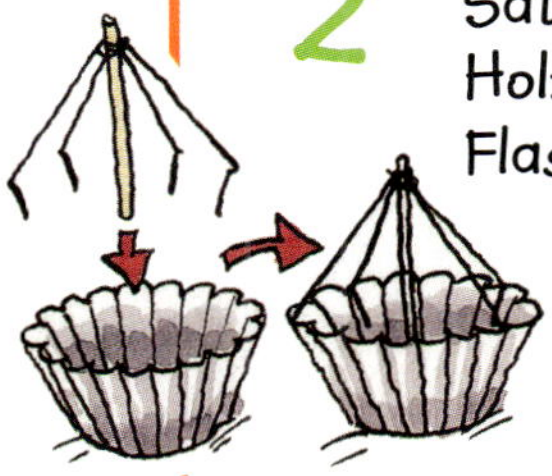

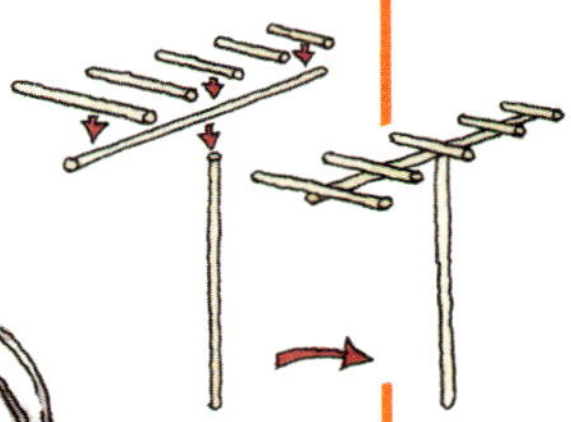

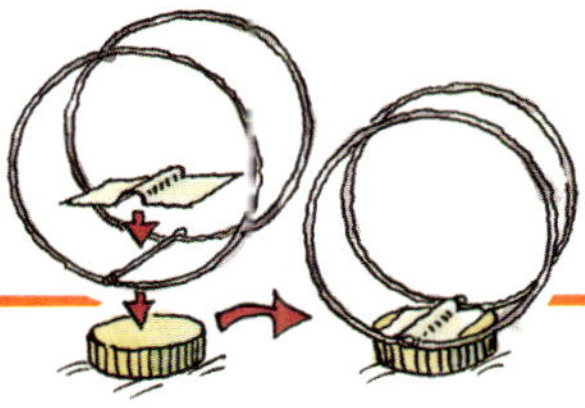

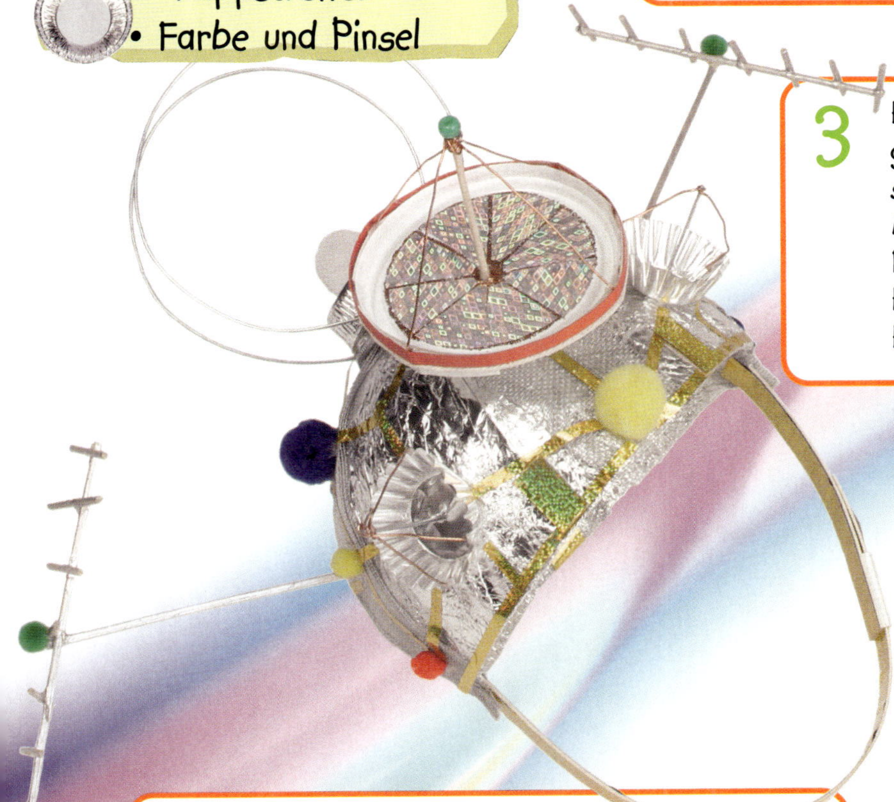

3 Baut wie abgebildet eine größere Empfangsschüssel aus einem Margarinedeckel, Flaschenverschluss, Holzspieß und Basteldraht.

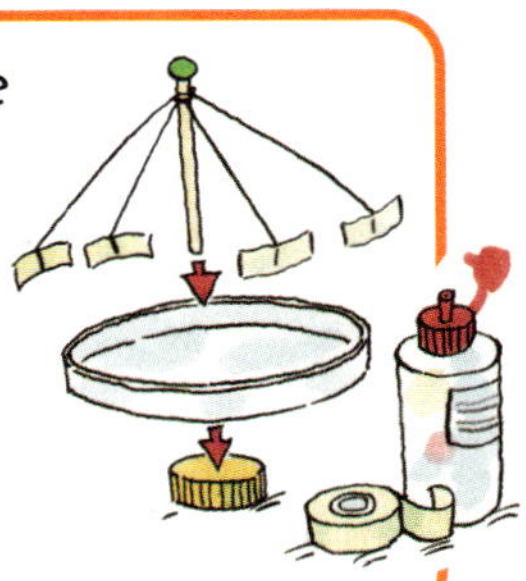

4 Zerstecht den Ballon und schneidet die Kanten glatt. Umwickelt den Helm mit Alufolie und klebt eure Antennen und Schüsseln auf.

5 Bringt ein Gummiband oder einen Pappstreifen als Kinngurt an. Malt den Helm an und schmückt ihn z. B. mit Aufklebern und Pailletten.

Wer verbesserte die Dampfmaschine?

Richard Trevithick, geboren 1771, war ein englischer Maschinenbauer, der schon bei der Arbeit seines Vaters in den Zinnminen von Cornwall die Dampfmaschinen genau beobachtete, die dort Wasser pumpten. Trevithick baute später das erste dampfbetriebene Straßenfahrzeug und 1804 die erste Dampflokomotive auf Schienen.

Richard ging in einem kleinen Dorf zur Schule, und sein Lehrer beschrieb ihn als »ungehorsam, langsam und eigensinnig«. Aber der Junge war ein talentierter Maschinenbauer. Er löste Probleme, die selbst ausgebildete Ingenieure überforderten.

Mit 19 Jahren arbeitete er für mehrere Bergbaubetriebe. Damals wurden in den Minen riesige Dampfmaschinen eingesetzt, die mit geringem Druck arbeiteten. Die Bergleute brauchten etwas Leistungsfähigeres.

WAS PASSIERTE?

- James Watt hatte den alten Typ der Dampfmaschinen entworfen. Er hielt Maschinen mit Hochdruck-Dampf für zu gefährlich – nicht ganz zu Unrecht.
- Aber Trevithick blieb hartnäckig bei seinem Plan.
- Er war überzeugt, dass er mit Hochdruck-Dampf, der sich im Zylinder ausdehnte, eine viel kleinere und leichtere Maschine bauen konnte, die ebenso leistungsstark war.
- Watt hielt Trevithicks Vorhaben für so unverantwortlich, dass er sogar sagte, man sollte Trevithick dafür hängen. Tatsächlich war die Gefahr einer Kesselexplosion groß, wie einige Unfälle später zeigten. Aber Trevithick war dennoch erfolgreich.

Trevithick baute Dampflokomotiven für Schienen und auch Dampfwagen, die ohne Schienen auf der Straße fuhren.

Mit Volldampf

Trevithicks Hochdruck-Dampfmaschine führte zum Bau der Dampflokomotive und letztlich zum Eisenbahnverkehr. Die Dampfmaschine hatte James Watt erfunden. Aber sie war noch riesengroß und schwer. Außerdem war sie nicht sehr leistungsstark, was den Zinnbergleuten in Cornwall Probleme bereitete. Da es dort keine Kohlebergwerke gab, mussten die Kohlen teuer eingekauft werden.

Trevithick hatte eine Lösung. Er glaubte daran, dass Hochdruck-Dampfmaschinen möglich wären, auch wenn andere vor ihren Gefahren warnten. Schließlich setzte er sich mit seiner Hartnäckigkeit durch. Seine neu entwickelte Dampfmaschine war kleiner, stärker und billiger für die Bergwerke. Bald schon war sie im ganzen Land sehr gefragt, um Arbeiter oder Erz durch die Schächte zu befördern.

Dampfmaschinen

Richard Trevithicks Hochdruck-Dampfmaschinen zogen eine ungeheure Leistungsverbesserung der Dampfkraft nach sich. Trevithick wollte die Maschine nicht nur feststehend, sondern auch als Antriebssystem bzw. Motor für Wagen und Züge nutzen.

Trevithicks erstes Dampffahrzeug war ein Dampfwagen, den er am Heiligabend 1801 erfolgreich einen Hügel hinauflenkte. Zwei Jahre später baute er ein Dampffahrzeug, mit dem er durch die Londoner Straßen fuhr. Im folgenden Jahr baute er im Auftrag von Samuel Homfray die erste Dampflokomotive auf Schienen. Homfray gewann eine Wette, als die Lokomotive 10 Tonnen Eisen und 70 Männer 16 km weit auf Schienen beförderte.

Erfinderpech

Trevithick war ein brillianter Ingenieur, der aber viel Pech mit Geld hatte. Als er für die Silberminen in Peru Maschinen baute, zwang ihn der 1826 ausbrechende Bürgerkrieg zur Flucht, und er kehrte völlig mittellos nach England zurück. Dort waren George und Robert Stephenson mittlerweile mit ihren Lokomotiven berühmt geworden, die von Trevithicks Vorarbeit profitierten. Er starb 1833 verarmt und vergessen und wurde in einem Armengrab beigesetzt.

Trevithicks Dampfwagen erregte damals sehr viel Aufsehen.

Erfinder-Wortschatz

Antriebssystem
Dampflokomotive
Hochdruck-Dampfmaschine

Marke Eigenbau: Dampflokomotive

Ihr benötigt:

- dicke Pappe
- Schere und Cutter
- eine Papprolle
- Kleber
- Pappschachteldeckel
- bunte Pappe
- Acrylfarbe • Pinsel
- Flaschenverschlüsse
- eine schmale Pappschachtel
- Basteldraht • Watte

1 Klebt einen dicken Pappstreifen unter die Papprolle und darunter wiederum zwei aneinander geklebte Schachteldeckel.

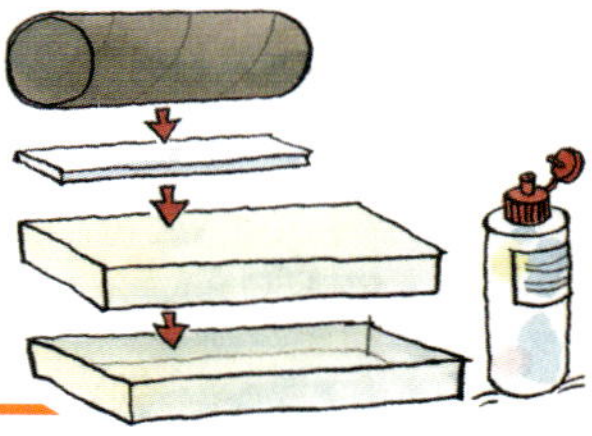

2 Bastelt aus bunter Pappe ein Führerhäuschen wie abgebildet. Klebt ein Pappdach darauf.

3 Stattet eure Lok mit Schornsteinen aus Flaschenverschlüssen aus und verschließt die Papprolle vorn mit einer runden Pappscheibe.

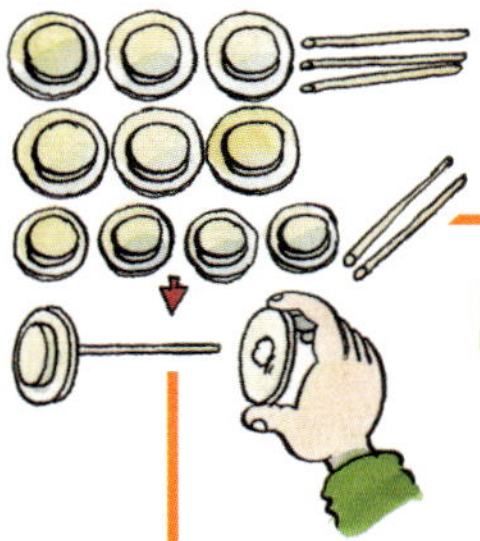

4 Schneidet sechs Kreise aus dicker Pappe aus und klebt sie auf größere dünne Pappkreise. Genauso baut ihr vier kleinere Räder zusammen. Malt alles an.

5 Klebt eine schmale Pappschachtel unter die Lok und daran alle Räder. Befestigt eine Dampfwolke aus Watte mit Draht im großen Schornstein.

Was machte den Elektromotor möglich?

Auch wenn er nie eine Schule besucht hatte, wurde aus Michael Faraday doch ein hoch angesehener Naturwissenschaftler. Er befasste sich mit Chemie und Physik und entdeckte, dass man mithilfe eines Magneten in einem Draht Strom erzeugen kann. Das führte schließlich zur Erfindung des Elektromotors. Er lebte von 1791 bis 1867.

Michael wuchs in einem Dorf bei London auf. Sein Vater war ein Schmied, und oft hatten die Kinder aus Geldnot zu wenig zu essen.

Obwohl er nie zur Schule ging, lernte er Lesen und Schreiben. Mit 14 wurde er Buchbinderlehrling und begann, sich für die Naturwissenschaft zu interessieren.

WAS PASSIERTE?

- An der Royal Institution arbeitete er mit den bedeutendsten Naturwissenschaftlern seiner Zeit zusammen und vollendete seine Labortechniken.
- Man bat ihn oft, als (bezahlter) Experte bei Gerichtsverfahren die Beweismittel zu untersuchen.

- Seine Entdeckungen überzeugten ihn, dass er mithilfe eines Magneten in einem Draht einen elektrischen Strom erzeugen könnte, weil auch umgekehrt mithilfe von Elektrizität Magnetismus entstehen kann.
- Er erzeugte tatsächlich Strom, indem er eine Kupferdrahtspule zwischen den Polen eines Hufeisenmagneten bewegte – und so den ersten Dynamo erfand!

Er experimentierte mit Elektrizität und baute eine einfache Batterie. Sein Einsatz brachte ihm eine Stelle bei dem Chemiker Sir Humphrey Davy an der Royal Institution in London ein. Dort blieb er 54 Jahre lang.

Ein Dynamo oder Generator in einem Automotor. So lange sich das Auto bewegt, erzeugt der Generator auch Strom.

Stromerzeugung

Ein Generator oder Dynamo ist ein Gerät zur Herstellung von Strom. Es erzeugt den elektrischen Strom mithilfe von Magnetismus. Michael Faraday fand dies heraus: Durch einen Draht, der innerhalb eines Magnetfeldes zwischen dem Nord- und Südpol eines Magneten bewegt wird, fließt ein elektrischer Strom. Diese einfache Entdeckung eröffnete völlig neue Möglichkeiten zur Stromerzeugung. Faraday baute einen Generator: ein mechanisches Gerät, das eine Drahtspule in einem Magnetfeld rotieren lässt, das von einem Spezialmagneten erzeugt wird. Wenn sich die Spule dreht, fließt Strom durch den Draht.

Wasserkraft

Wasserkraft ist die Energie des fließenden Wassers. Sie kann in Elektrizität umgewandelt werden. Man gewinnt sie mithilfe von Stauseen, Wasserfällen oder der Flut. Mit der Kraft des fließenden Wassers werden Stromgeneratoren betrieben.

Wasser kann Energie nur durch Bewegung erzeugen – diese Energie nennt man kinetische Energie. Das strömende Wasser dreht ein Wasserrad, das ähnlich wie ein großer Propeller funktioniert. Der Propeller treibt wiederum einen Generator an. Dieser Generator kann enorm viel Strom erzeugen. Wasserkraftwerke können ganze Städte mit Strom versorgen. Das Werk im kanadischen Niagara erzeugt genug Strom für die ganze Provinz Ontario mit vielen Millionen Bewohnern.

Vorlesungen zu Weihnachten

Michael Faraday war überzeugt davon, dass es von großer Bedeutung ist, junge Menschen in den Naturwissenschaften zu unterrichten. Daher gab er auch jedes Jahr von 1826 bis 1861 zu Weihnachten eine spezielle Vorlesung für Kinder an der Royal Institution. Seine berühmteste Vorlesung hieß »Naturgeschichte einer Kerze«. Diese Weihnachtsvorlesungen finden auch heute noch statt.

Das Wasserkraftwerk an den Niagara-Wasserfällen.

Erfinder-Wortschatz

Dynamo
Generator
Kinetische Energie
Magnetfeld
Wasserkraft

Marke Eigenbau: Elektromotor

Ihr benötigt:

- Kupferdraht
- Hammer und Nägel
- ein schmales Brett
- 2 Batterien (1,5 Volt Baby C)
- einen Styroporbecher
- eine Toilettenpapierrolle
- Kleber
- 5 Scheibenmagneten
- Klebeband

1 Dreht ein Stück Kupferdraht fünfmal im Kreis und biegt die Enden ab wie abgebildet.

2 Lasst euch von einem Erwachsenen um zwei Batterien herum wie abgebildet Nägel in ein Brett schlagen. Die Batterien müssen fest aneinander liegen.

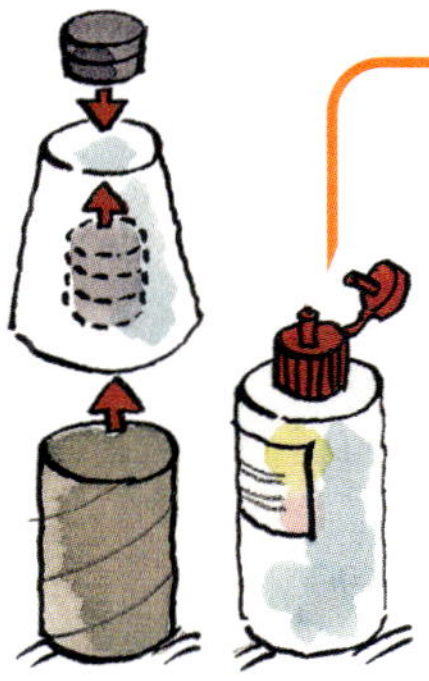

3 Klebt einen Becher auf eine Toilettenpapierrolle. Legt zwei Scheibenmagneten über den Becher und drei von unten dagegen – sie halten magnetisch zusammen. Klebt die Toilettenpapierrolle auf das Brett.

4 Steckt ein Drahtende zwischen einen Nagel und den Batteriekontakt. Führt den Draht bis zum Becherturm und klebt ihn an einer Becherseite fest. Biegt eine hoch stehende Schlaufe daraus. Wiederholt das Ganze mit einem Draht vom anderen Batterieende aus.

5 Befestigt die Enden der Kupferdrahtrolle so in den Schlaufen über dem Becher, dass sie ca. 2 mm über den Magneten hängen.

Stoßt die Drahtrolle mit der Hand an – danach dreht sie sich immer weiter!

Wer erfand das Telefon?

Wie schon sein Vater war Alexander Bell Experte auf dem Gebiet der Sprechtechnik und Aussprucheschulung. Aber am bekanntesten wurde er doch als Erfinder des Telefons. Bell wurde 1847 in Schottland geboren und zog später mit seiner Familie nach Kanada, wo er 1922 starb.

Alexander trat früh in seines Vaters Fußstapfen. Er ging eine Zeit lang zur Schule, lernte aber meist zu Hause.

Er wurde Lehrer an der Weston-House-Akademie für Sprechtechnik und Musik, wo er unterrichtete.

Nach dem Umzug nach Kanada ließ sich Bell im amerikanischen Boston nieder, wo er tauben Kindern Sprechunterricht gab. Er experimentierte viel mit Tönen und ihrer mechanischen Übertragung.

WAS PASSIERTE?

- Bell fand einen begabten jungen Mechaniker namens Thomas Watson.
- Zusammen arbeiteten sie an neuen Ideen zur Tonübertragung. Bell war sicher, dass man Töne mithilfe von Elektrizität fernübertragen konnte. Aber wie?
- Die beiden verbrachten zahllose Nächte mit ihren Versuchen. Und schließlich zeigten sich erste kleine Erfolge.
- Sie brachten durch laute Stimmen eine dünne Eisenmembran zum Schwingen. Diese Schwingungen störten das Magnetfeld eines Stabmagneten. Würde ihnen dasselbe mit einem Kupferdraht gelingen?

Alexander Bell 1876 mit seinem Telefon. Seine Mutter und seine Frau waren beide taub.

Schwingungen

Alexander Graham Bells berühmteste Erfindung war das Telefon. Im Patent wurde er noch als »Apparat zur telegrafischen Übertragung von Stimmen oder anderen Tönen« beschrieben. Bells Hauptziel war es gewesen, Gespräche über größere Entfernungen hinweg möglich zu machen.

Da Töne in Wellen übertragen werden und diese Wellen Dinge in Schwingungen versetzen, musste Bell nun diese Schwingungen und elektrische Ströme zusammenbringen. Also schaute er sich an, wie Magnetfelder auf Ströme wirkten. Mit seinen Forschungsergebnissen konnte er das Telefon erfinden.

Töne in Bewegung

Alexander Bells Erfindung des Telefons war erst der Anfang. Er hatte noch viele bahnbrechende Ideen wie z. B. das Grafofon.

1880 gründete Bell mit dem Preisgeld des ihm verliehenen Voltapreises die Volta-Labore in Washington. Mithilfe von Charles Sumner Tainter und seinem Cousin Chichester Bell entwickelte er hier das Grafofon. Dieses war eine Art frühes Aufnahmegerät mit einem Wachszylinder und einer Gravurnadel wie beim Plattenspieler. Bell erfand auch das Fotofon, das Töne auf einem Lichtstrahl übertrug. Seine Ideen waren ihrer Zeit oft weit voraus. Ein Jahrhundert später wurde die Fotofon-Idee zur heute verbreiteten Fiberoptik-Technik weiterentwickelt.

Telefonnetz

Die erste Telefonzentrale wurde 1878 in den USA in New Haven eröffnet. Es gab nur 21 Leitungen, die alle von Hand verbunden werden mussten. Die erste Leitung für Ferngespräche wurde zwischen Boston und New York gelegt. 1887 waren schon mehr als 100 000 Telefonapparate in Betrieb. Heute sind es weltweit über 600 Millionen.

Die ersten Vermittler in einer Telefonzentrale verbanden alle Gespräche von Hand.

Erfinder-Wortschatz

Fotofon
Grafofon
Schwingung
Telefon
Telegraf

Marke Eigenbau: Megafon

Ihr benötigt:

- dünne weiße und farbige Pappe
- dicke Pappe
- doppelseitiges Klebeband
- Bleistift
- Schere
- Kleber

1 Rollt rote Pappe zu einem Kegel zusammen und klebt sie mit doppelseitigem Klebeband fest. Schneidet die untere Kante glatt ab.

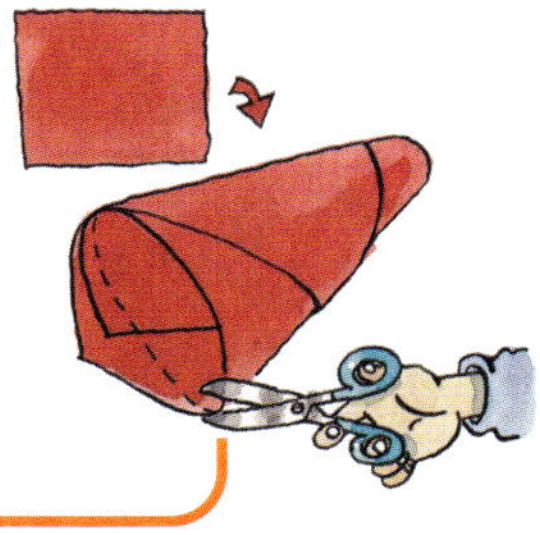

2 Stellt den Kegel auf rosafarbenes Papier und malt den Umriss darauf ab. Malt einen großen Mund um den Umriss herum und fügt innen ein paar Klebelaschen hinzu, bevor ihr die Umrandung ausschneidet.

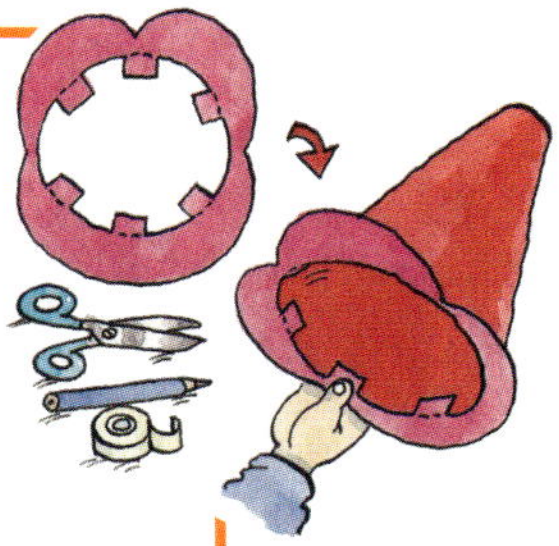

3 Schneidet Zähne aus weißer Pappe aus, ebenfalls mit Klebelaschen.

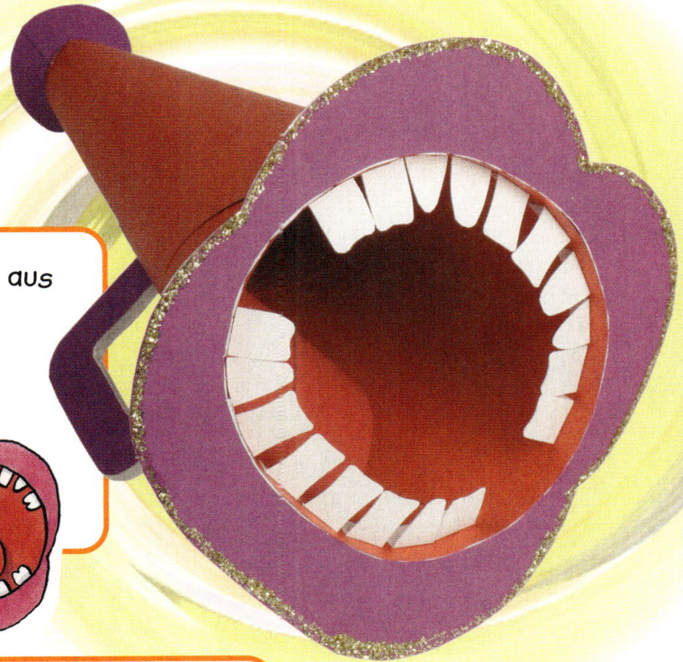

4 Schneidet eine Zunge aus roter Pappe aus und klebt sie vorne und hinten im Megafon-Mund so fest, dass sie sich etwas wölbt. Klebt eine rote Lasche hinten ein.

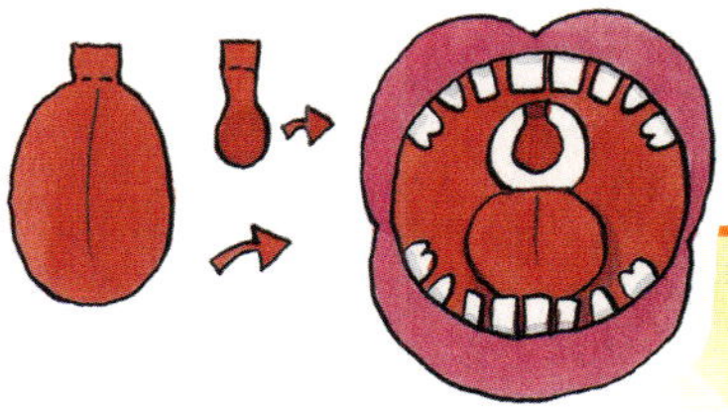

5 Schneidet einen Griff aus dicker Pappe aus und klebt ihn auf das Megafon.

Wer schaltete das Licht an?

Thomas Alva Edison war einer der einfallsreichsten Erfinder seiner Zeit. Er wurde 1847 in den USA geboren und war mit sehr verschiedenen Projekten befasst, etwa der Telegrafie oder den ersten Filmkameras. Er meldete über 1000 Patente an. Am berühmtesten machte ihn aber die Erfindung der Glühlampe. Er starb 1931.

Thomas ging nur einige Monate lang zur Schule. Dann unterrichtete ihn seine Mutter, die seine Liebe zur Bildung unterstützte. Thomas las so viel er konnte.

Mit 15 wurde er wegen eines Unfalls oder einer Krankheit teilweise taub. Er lernte dann, wie man einen Telegrafen bedient und wurde bald Telegrafist.

Er nutzte seine Zeit oft dazu, Geräte zu verbessern und Apparate zu erfinden, die seine Taubheit auszugleichen halfen. Er hatte so viel Erfolg, dass er hauptberuflich Erfinder wurde.

WAS PASSIERTE?

- Edison zog nach New York, wo er einige Geschäftspartner fand. Er verlegte sich ganz auf das Telegrafiegeschäft, als die Unternehmen dringend nach besseren Geräten zu suchen begannen.
- Als selbstständiger Erfinder arbeitete Edison für die Auftraggeber, die am besten zahlten. Für Western Union erfand er den Quadruplex-Telegrafen, der vier Nachrichten über eine Leitung senden konnte.
- Aber 1874 bot ihm ein Konkurrent 100 000 Dollar für diese Erfindung an und schnappte sie so Western Union vor der Nase weg. Thomas Edison hatte aber trotzdem Geldprobleme. Also wandte er sich an seinen Vater.

Thomas Edison führte 1878 seinen brandneuen Fonografen vor.

Die Glühlampe

Während Edison an neuen Geräten arbeitete, wurde das so genannte elektrische Bogenlicht erfunden. Es wurde durch einen Funken erzeugt, der bogenförmig zwischen zwei Drähten leuchtete. Das eignete sich für Straßenlampen, aber für die Beleuchtung im Haus war Bogenlicht zu hell. Edison wollte das Licht sanfter machen, indem er den Bogen in einem kleinen Glaskolben erzeugte. Dieser durfte nur nicht vor Hitze schmelzen. Nach vielen Versuchen gelang ihm das mit einer Vakuum-Birne, aus der die Luft herausgepumpt war. Als Strom durch einen kleinen Kohlefaden in der Birne floss, glühte er auf. Damit war eine im Haus verwendbare Glühlampe erfunden.

Erste Filme

Thomas Alva Edison ist für viele Erfindungen bekannt – aber nur wenige wissen, dass er einer der Vorväter unserer Kinofilme war. Nachdem er den Fonografen gebaut hatte, wollte er wissen, ob er ihn mit bewegten Bildern verbinden könnte – tolle Idee!

Mithilfe von William Dickson baute Edison eine Kamera und einen Vorführapparat, die er als Kinetografen und Kinetoskop bezeichnete. Leider gelang es ihm nicht, den Bildern auch noch Töne zuzufügen, also musste diese Idee noch etwas warten. Aber er errichtete in seinem Labor die erste Filmbühne und stellte Filme her, die den Beginn der Stummfilmzeit einläuteten. Seine Kinetoskope, die kleine Sichtschlitze besaßen, durch die jeweils ein Zuschauer einen Film sehen konnte, waren ungeheuer gefragt.

Kinetoskope waren so lange beliebt, bis die ersten Leinwand-Projektoren erfunden und eingesetzt wurden.

Die 30 000-Dollar-Wette

Das Geheimnis elektrischen Lichts hatte die Erfinder vor Edison schon viele Jahre lang in Atem gehalten. Aber Edison war so von seinem Erfolg überzeugt, dass er wettete, er würde für ein »sicheres, sanftes und billiges Licht anstelle des Gaslichts« sorgen. Er war so angesehen, dass Geldgeber ihm 30 000 Dollar für sein Vorhaben gaben. Und er gewann die Wette!

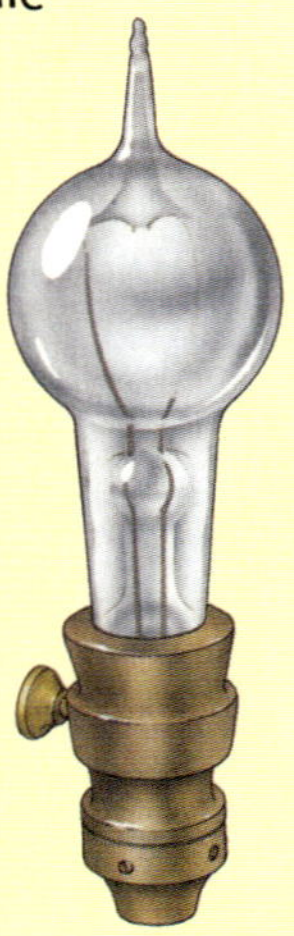

Erfinder-Wortschatz

Bogenlicht
Fonograf
Glühlampe
Kinetograf
Kinetoskop
Vakuum-Birne

Marke Eigenbau: Riesen-Glühlampenschirm

Ihr benötigt:

- dicken und dünnen Basteldraht
- dünne Pappe
- Schere
- Gummiband
- Krepppapier
- Kleber

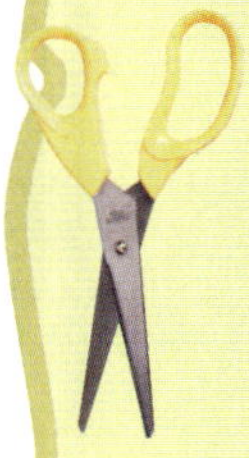

1 Formt dicken Draht zu vier gleich großen Bögen in Form einer Riesen-Glühbirne. Biegt die unteren Enden nach innen zu kleinen Häkchen um.

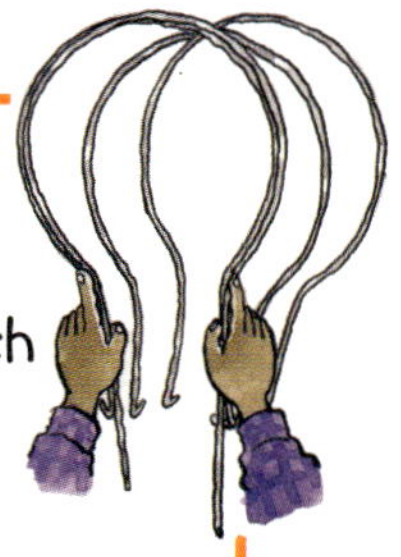

2 Klebt einen Pappstreifen zu einem Ring zusammen, der so groß ist wie das untere Ende eurer Riesen-Glühbirne. Stecht rechts und links zwei Löcher in den Ring und steckt die Enden eines Drahtbogens hindurch.

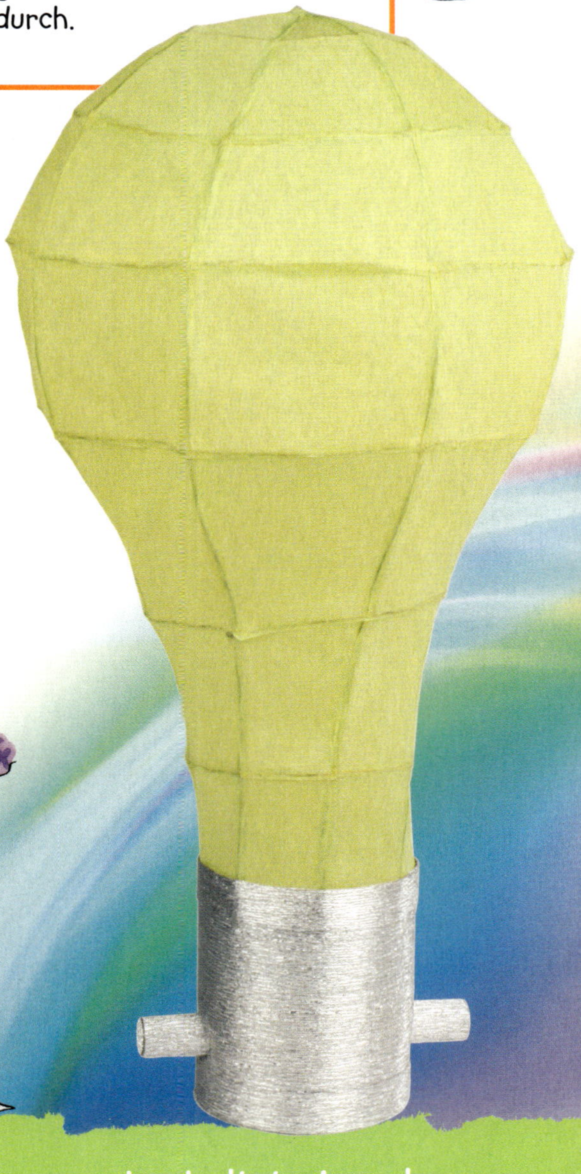

3 Stecht zwei weitere Löcher in den Ring und steckt den zweiten Bogen fest. Befestigt die Bögen da, wo sie sich überkreuzen, mit Gummiband. Wiederholt das Gleiche mit den restlichen zwei Bögen.

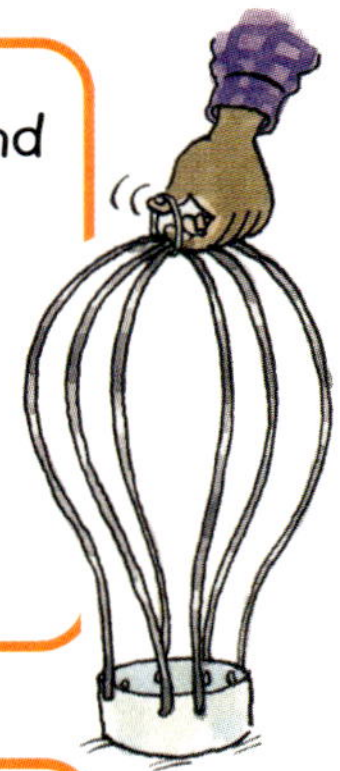

4 Umwickelt das Drahtgerüst in Querrichtung mit dünnem Draht.

5 Schneidet einzelne Krepppapierstücke aus (ihr könnt auch mehrere Farben verwenden) und klebt sie auf dem Drahtgerüst fest, bis der Lampenschirm ganz bedeckt ist.

Stellt euren Schirm über eine Taschenlampe und schaltet sie an!

Wer entdeckte das Radium?

Marie Curie (1867–1934) und ihr Mann Pierre waren beide Physiker. Sie erforschten gemeinsam die Radioaktivität: eine Strahlung, die von bestimmten chemischen Stoffen ausgeht. Sie entdeckten auch neue chemische Elemente, unter anderem das Radium. 1904 erhielten sie den Nobelpreis.

Marie Sklodowska aus Polen schloss das Gymnasium mit Auszeichnung ab und wurde mit einer Goldmedaille geehrt. Dann wurde sie Lehrerin.

Später zog sie nach Paris, um an der Universität Physik zu studieren. Sie arbeitete oft bis spät in die Nacht im Labor bei Butterbroten und Tee.

Nach ihrem Examen arbeitete Marie in einem Labor, in dem sie Pierre Curie begegnete. Die beiden heirateten 1895. Ihre berühmte Forschungspartnerschaft begann mit Maries Interesse für Strahlen.

WAS FANDEN SIE HERAUS?

- Marie war fasziniert von der Strahlung, die das chemische Element Uran abgab. Sie war 1896 von Henri Becquerel entdeckt worden. Ob andere Stoffe auch so strahlten?
- Die Curies stießen bei einem Mineral namens Pechblende auf starke Strahlung.
- Sie konnten sich nicht erklären, woher diese Strahlen stammten. War in dem Mineral etwas enthalten, von dem niemand wusste?
- Nachdem sie die Pechblende mit Chemikalien genau aufgeschlüsselt hatten, fanden sie tatsächlich ein neues Element. Aber das gab die sonderbaren Strahlen auch nicht ab.

Die Curies nannten das erste Element, das sie fanden, Polonium nach Maries Heimatland Polen. Polonium und Radium wurden 1898 entdeckt.

Radioaktivität

Die wichtigste Entdeckung des Ehepaars Curie ist die der chemischen Elemente Polonium und Radium. Sie ermöglichte später die Röntgentechnik und auch die Kernkraft. Die Curies wussten, dass Uran eine sonderbare Form von Energie als Strahlung abgab. Aber sie wollten mehr herausfinden.

Sie entdeckten, dass ein anderes Element namens Thorium ebenfalls radioaktiv war. Vor allem aber stießen sie in dem Mineral Pechblende auf sehr starke radioaktive Strahlung. Es dauerte viele lange Versuchsreihen, bis Marie Curie schließlich Radium als die Strahlungsquelle bestimmen konnte.

Medizinische Zwecke

Nach Pierres Tod im Jahr 1906 widmete sich Marie Curie ganz der bestmöglichen Nutzung von Radium. Sie wollte es zum Wohl kranker Menschen einsetzen. Daher musste sie den chemischen Aufbau radioaktiver Stoffe besser kennen lernen. 1911 wurde ihr der zweite Nobelpreis verliehen.

Marie Curie wurde die erste Universitätsprofessorin für Physik. Unter anderem sorgte sie dafür, dass genug Radium für Forschungen vorhanden war. Ungefähr 1,5 g Radium reichten für mehrere Jahre. Mit ihrer Tochter Irene half sie, Röntgenstrahlen als Mittel zur Erkennung von Krankheiten nutzbar zu machen. Leider waren damals die Gefahren der Radioaktivität noch nicht bekannt, und Marie starb 1934 an durch Strahlenvergiftung verursachtem Blutkrebs.

Zahlen mit System

Chemische Elemente wie Radium sind Stoffe, die durch chemische Verfahren nicht weiter zerlegbar sind. Jeder Atomkern in einem Element hat die gleiche Anzahl Protonen, die seine so genannte Ordnungszahl bestimmt. Die Ordnungszahl von Radium ist 88. Die ersten 95 Elemente kommen in der Natur vor, aber alle Elemente mit Ordnungszahlen über 95 sind künstlich.

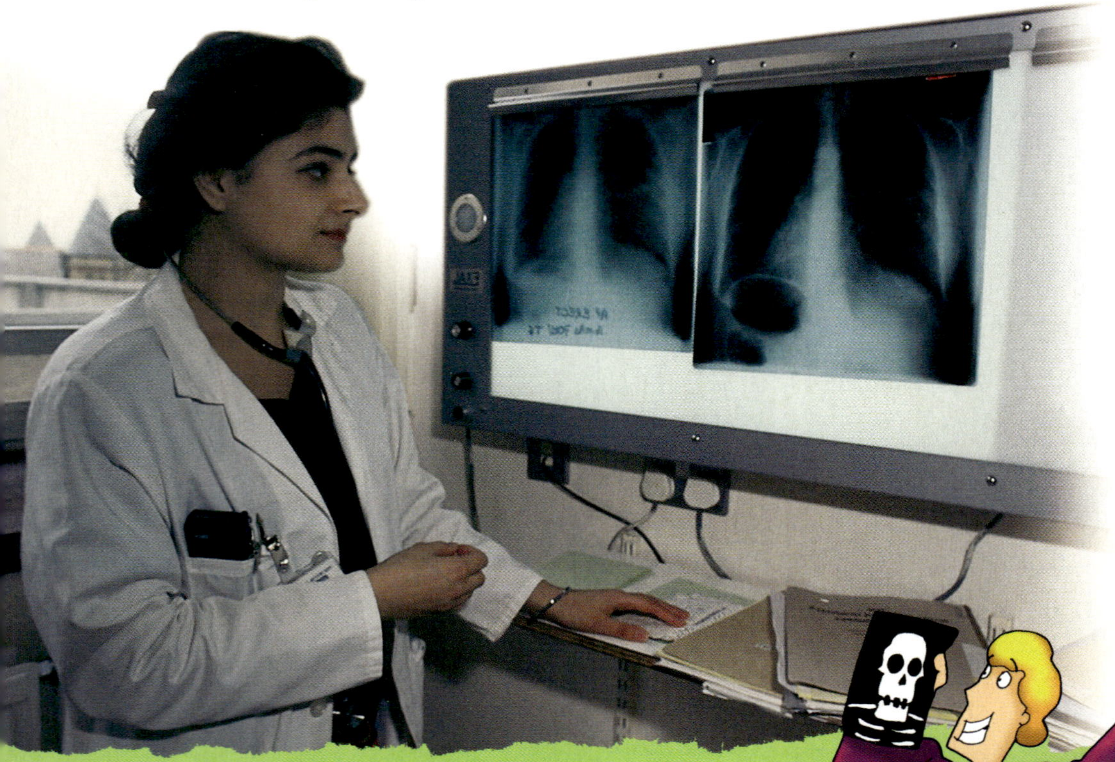

In der Radiologie werden mithilfe von Röntgenstrahlen Aufnahmen vom Innern des Körpers gemacht.

Erfinder-Wortschatz

Polonium
radioaktiv
Radium
Röntgenstrahlen
Strahlung
Thorium

Marke Eigenbau: Gruselmaske

Ihr benötigt:

- einen Luftballon
- Tapetenleim
- Zeitungsstreifen
- Schere • Bleistift
- Papiertaschentücher
- Modelliermasse
- Gummiband
- Wasserfarbe
- Deckweiß und Pinsel
- Zahnstocher
- Leuchtfarbe

1 Beklebt die obere Hälfte des Luftballons mit in Tapetenleim getauchten Zeitungsstreifen. Lasst alles trocknen, zersticht den Ballon und schneidet die Kanten glatt.

2 Haltet euch die Maske vors Gesicht und zeichnet Kreise an die Stelle eurer Augen.

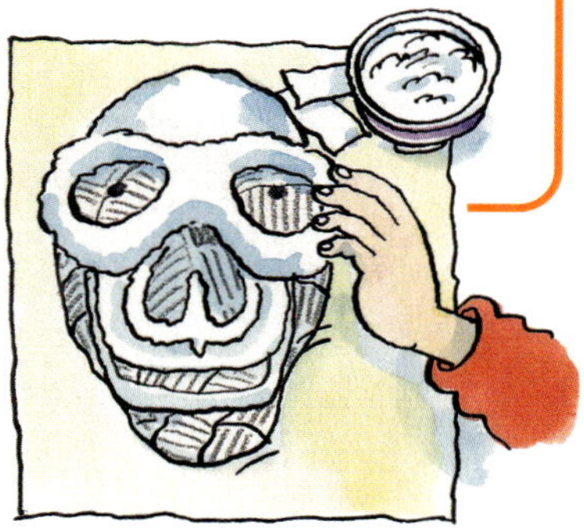

3 Schichtet mit in Tapetenleim getauchten Papiertaschentüchern wie abgebildet die Form eines Totenschädels auf die Maske auf.

4 Formt aus Modelliermasse Zähne und lasst sie aushärten. Malt die Maske an und überstreicht sie mit Leuchtfarbe.

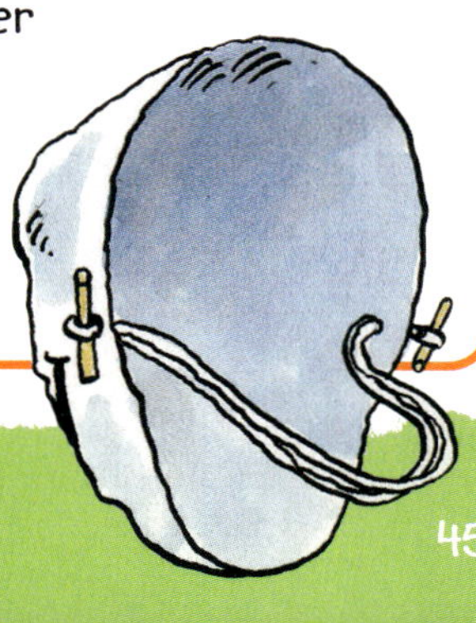

5 Stecht in die Rückseite der Maske an beide Seiten Löcher und befestigt daran ein Gummiband mit Zahnstochern.

Wer entwickelte die Motorflugtechnik?

Die Brüder Wilbur (1867–1912) und Orville (1871–1948) Wright waren Pioniere des Motorflugs, die ihre Flugzeuge selbst bauten. 1903 schrieb Orville Wright Geschichte als Pilot des ersten gesteuerten motorbetriebenen Flugzeugs.

Orville und Wilbur waren die Söhne eines Bischofs, die sich mehr für Mechanik als für die Kirche interessierten.

Zunächst bauten sie selbst entworfene Druckmaschinen. Dann wechselten sie zum Bau von Fahrrädern und verdienten gut damit.

Otto Lilienthals Arbeit, dem vor seinem Tod 1896 über 2000 Gleitflüge gelangen, ermunterte sie zur Arbeit mit Flugmotoren. Dank ihrer Maschinenbaukenntnisse konnten sie bald ein Motorflugzeug bauen.

WAS PASSIERTE?

- Die Brüder Wright studierten den Flug von Vögeln, besonders von Bussarden, sehr genau.
- Sie wollten wissen, wie Bussarde im Flug das Gleichgewicht hielten. Schließlich waren Vögel ebenso wie Flugzeuge schwerer als Luft. Warum fielen sie also nicht hinunter?
- Sie erkannten bei ihren Beobachtungen, dass ein Flugzeug drei Dinge können musste: auf- und absteigen, zu beiden Seiten kippen sowie nach links und rechts steuern – manchmal sogar alles zusammen.
- Sie fanden bald heraus, dass Bussarde ihre Flügel im Flug drehten.

Mit dem Doppeldecker-Gleitflieger der Brüder Wright konnte ein Pilot mitfliegen.

Drei Flüge

Die Brüder Wright sind für das erste Motorflugzeug berühmt geworden, ihre wichtigste Erfindung war aber die dreiachsige Steuerung eines Flugzeugs. Seitdem baut man jedes Flugzeug so, dass es in die Querlage gehen, die Spitze nach oben heben und nach unten senken sowie nach rechts und links steuern kann. Um die Steuerung perfekt zu machen, bauten die Brüder Wright zunächst drei Gleitflieger. Der dritte war bei seinem Flug 1902 schließlich voll steuerbar. Er besaß Höhenruder für den Auftrieb, Seitenruder für die seitliche Lenkung und drehbare Tragflächen für die Querlage. Nach einem Test im Windkanal stieg das Flugzeug über 180 m hoch in die Luft.

Höhenflüge

Nachdem Orville und Wilbur Wright die richtige Steuerung eines Flugzeugs gefunden hatten, machten sie sich daran, den richtigen Antrieb zu finden. Für Autos verwendete man Benzinmotoren, daher versuchten sie es zuerst auch damit. Aber der Motor war viel zu schwer für den leichten Flieger, den sie entworfen hatten.

Sie mussten also ein neues Motorflugzeug bauen, was sie auch taten. Doch nun stellte sich das Problem des Antriebs. Die Wrights dachten an einen Propeller. Diese große Luftschraube sollte das Flugzeug gleichsam durch die Luft nach vorn schrauben. Der Propeller wurde durch einen kleineren und leichteren Motor angetrieben. Ihr erstes Motorflugzeug hieß »Flyer I« und startete am 17.12.1903 zu seinem legendären Flug.

Ein späteres Motorflugzeug der Brüder Wright.

PROTECTION PLAN

»Flyer III«, den die Wrights nur zwei Jahre nach ihrem allerersten flugfähigen Flugzeug bauten, konnte wenden, quer liegen, kreisen und sogar Achterfiguren fliegen. Aber die Brüder hielten ihre Fortschritte geheim und starteten erst im Mai 1908 wieder zu einem öffentlichen Flug. Sie wollten ihre Erfindung patentieren lassen und sie dann an ein Unternehmen oder an die Armee verkaufen.

Erfinder-Wortschatz

Benzinmotor
dreiachsige Steuerung
Höhenruder
Propeller
Querlage

Marke Eigenbau: Doppeldeckerflugzeug

Ihr benötigt:

- weiße Pappe
- Schere • Kleber
- Holzspieße, Zahnstocher
- Toilettenpapierrolle
- Eierkarton
- bunte dicke Pappe
- einen Plastiklöffel
- einen großen Flaschenverschluss
- einen Styroporbecher
- 2 Lutscherstiele

1 Schneidet zwei gebogene Streifen aus weißer Pappe als Tragflächen aus und beklebt sie mit Zahnstochern.

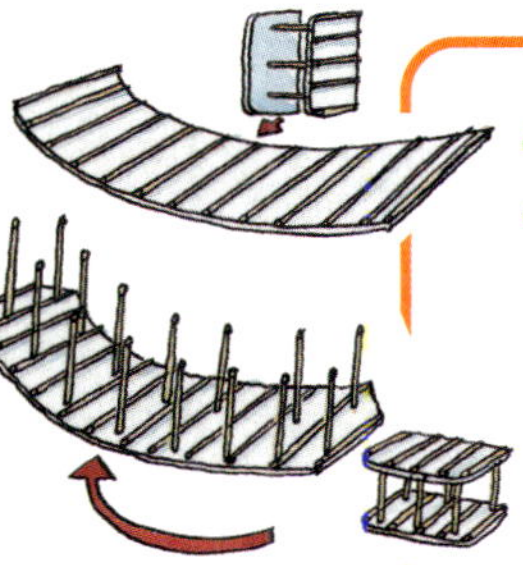

2 Setzt die beiden Tragflächen auf 16 Holzspießen und mit viel Kleber zusammen. Wiederholt das Ganze mit einem kleineren Heck- und einem Frontsteuerteil wie abgebildet.

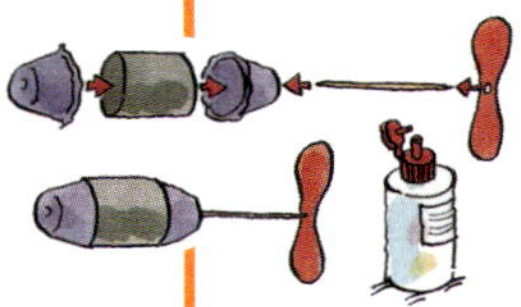

3 Bastelt zwei Flugmotoren aus Eierkartons und Holzspießen wie abgebildet. Schneidet zwei Pappropeller aus und klebt sie hinten an.

4 Baut aus einem Plastiklöffel, Flaschenverschluss und Pappstützen wie abgebildet einen Pilotensitz zusammen. Halbiert einen Styroporbecher und klebt zwei Lutscherstiele als Landekufen darunter.

5 Klebt alle Flugzeugteile zusammen und stellt das Flugzeug gut abgestützt ab, bis alles getrocknet ist.

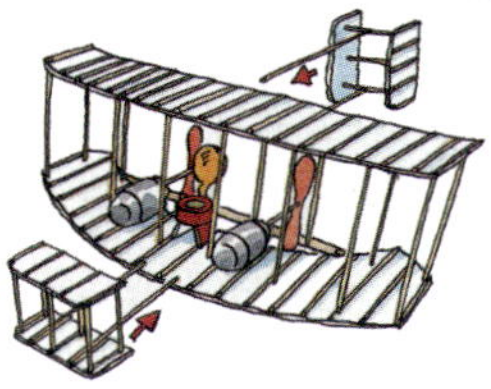

2. KAPITEL

High-Tech-Erfindungen

Inhalt

Wie wird mein Computer schneller?

1645 entwarf der Mathematiker Blaise Pascal die erste Rechenmaschine. Sie arbeitete mit Zahnrädern und konnte Zahlen zusammenzählen und voneinander abziehen. 30 Jahre später entwickelte Gottfried Wilhelm von Leibniz sie weiter. Jetzt konnte sie auch malnehmen und teilen. Das war zwar hilfreich, aber Computer waren diese Maschinen natürlich noch lange nicht.

Mitte des 19. Jahrhunderts begründete George Boole das Binär- oder Zweier-Zahlensystem. Im Gegensatz zu unserem Zehnersystem kommt dieses System nur mit den Ziffern 0 und 1 aus, was den Bau von automatischen Rechenmaschinen sehr vereinfachte. Der Weg für den Computer war bereitet.

1805 hatte der Franzose Joseph-Marie Jacquard eine Maschine gebaut, die beliebige Muster weben konnte, die auf Lochkarten gespeichert wurden. Das System inspirierte Charles Babbage dazu, die »analytische Maschine« zu entwickeln.

WAS PASSIERTE?

- Die »analytische Maschine« hätte eigentlich schon alles gekonnt, was ein Computer auch kann. Sie konnte rechnen, speichern und war programmierbar. Sie wurde nur leider nie gebaut, weil Babbage 1846 das Geld ausging.
- 1891 verwendete der amerikanische Erfinder Hermann Hollerith eine Lochkartenmaschine, um das Ergebnis der Volkszählung zu errechnen.
- Konrad Zuse baute 1941 den ersten funktionstüchtigen Computer. Im Vergleich zu späteren Computern war dieser Rechner noch sehr langsam.
- Einige Jahre später hatten zwei Ingenieure der Universität von Pennsylvania die entscheidende Idee …

ENIAC war der erste Großrechner: Er konnte 5000 Additionen und 1000 Multiplikationen pro Sekunde ausführen.

Problemlöser

Großrechner sind die schnellsten Computer und haben den größten Speicher. Sie können die schwersten Aufgaben lösen und die meisten Daten verarbeiten. Meistens bestehen Großrechner aus mehreren großen Schränken mit Computern. Die schnellsten werden Hochleistungsrechner oder Supercomputer genannt. Es gibt nicht viele davon, weil sie so teuer sind. Diese Computer werden von Forschern verwendet, um z. B. Medikamente zu entwickeln, Wettervorhersagen zu machen oder Flugzeuge zu bauen. Diese Rechner können viele Milliarden Rechnungen in der Sekunde durchführen.

UNIVAC

Ein großes Problem von ENIAC war, dass seine Programmierung sehr lange dauerte. Er hatte keinen Programmspeicher, sondern wurde durch das Stecken von Kabeln programmiert. Die Wissenschaftler Eckert und Mauchly wollten einen Computer entwerfen, bei dem man Programme speichern konnte. Nach Ideen des genialen Computerpioniers John von Neumann bauten sie EDVAC. 1951 wurde dann der berühmte UNIVAC gebaut.

UNIVAC steht für UNIVerseller Automatischer Computer. UNIVAC konnte nicht nur mit Zahlen, sondern auch mit Buchstaben umgehen. UNIVAC I wurde von amerikanischen Regierungsbehörden und Großkonzernen verwendet und war recht verbreitet; der letzte UNIVAC war bis 1970 in Betrieb.

Wahlgenie

1952 wurde mit einem UNIVAC eine Hochrechnung darüber erstellt, wer in den USA die Präsidentenwahlen gewinnen würde. Keine Stunde nach Schließung der Wahllokale gab die Maschine aus, dass Eisenhower deutlich gewinnen würde. Das Ergebnis stimmte auf ein paar Prozente genau.

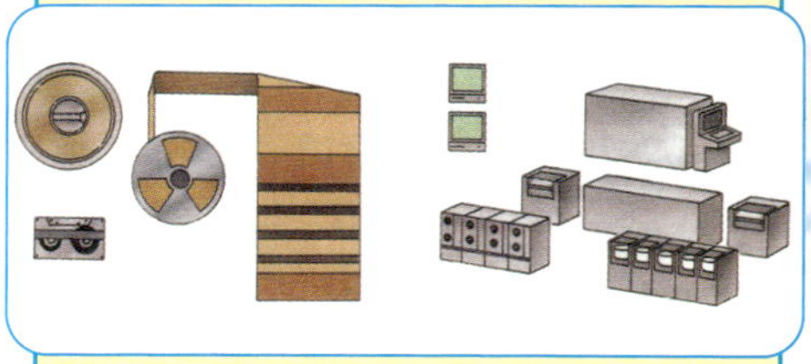

UNIVAC war der erste richtige Großrechner.

Erfinder-Wortschatz:

EDVAC
ENIAC
Großrechner
Supercomputer
UNIVAC

Marke Eigenbau: Supercomputer

Ihr benötigt:

- Pappschachteln • Röhren
- Plastikflaschen • Deckel
- feste und dicke Pappe
- einen Margarinedeckel
- ein Kunststofftablett
- eine Papprolle
- alte Kassenbons
- Flaschenverschlüsse
- Bindfaden oder Wolle
- alte Glühbirnen
- Zahnstocher • Holzspieße
- Bastelkleber • Schere
- doppelseitiges Klebeband
- Metallic-Acrylfarbe und Pinsel

1 Klebt die Schachteln und Flaschen auf ein Stück feste Pappe.

2 Schneidet rechteckige und quadratische »Tasten« aus der dicken Pappe aus. Klebt etwa 2 cm lange Zahnstocherstücke unten an die Tasten.

3 Wartet, bis der Kleber getrocknet ist. Dann klebt die Tasten auf einen großen Margarinedeckel – je verrückter, desto besser! Bastelt aus Pappe einen Rahmen, der die Tastatur umgibt. Klebt die fertige Tastatur auf den Pappuntergrund.

4 Befestigt einen Holzspieß an einem Kunststofftablett. Als Fuß kommt ein Stück Papprolle auf eine der Schachteln hinten am Computer. Steckt den Spieß mit dem Tablett durch den Deckel der Schachtel – fertig ist der Bildschirm.

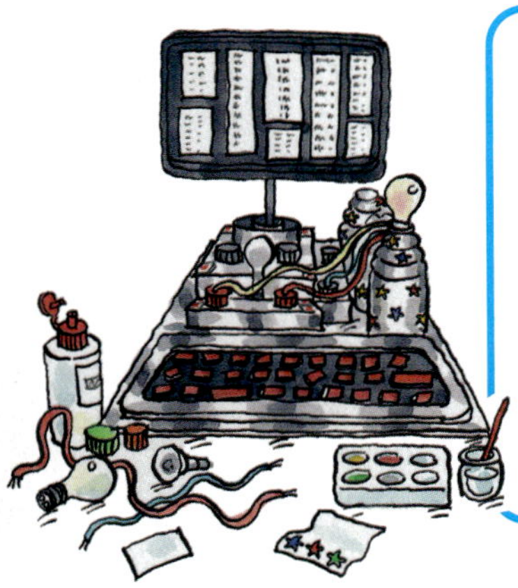

5 Verziert euren Computer nach Belieben. Klebt Schalter aus Flaschenverschlüssen auf, verlegt Leitungen aus Bindfaden und baut die alten Glühbirnen ein. Auf den Bildschirm klebt ihr Kassenbons.

Wie kann ein Brief sofort ankommen?

1876 ließ Alexander Bell sein Telefon patentieren. Nun konnte man endlich über große Entfernungen miteinander sprechen. Briefe mussten aber immer noch mit der Post verschickt werden. Und das dauerte Tage. Wenn es doch nur eine schnellere Möglichkeit gäbe, Text und Bilder zu verschicken!

Der schottische Erfinder Alexander Bain erfand 1843 eine Maschine, die Text und Bilder elektronisch versenden konnte. Sie funktionierte aber noch nicht gut.

Auch andere Erfinder arbeiteten an dem Problem. Einen Brief ohne Verzögerung von hier nach dort schicken? Das musste doch mit elektronischen Signalen zu machen sein.

Manche Wissenschaftler dachten, dass man den Brief irgendwie in einen Code umformen müsste. Vielleicht könnte man die Nachrichten über die Telefonleitung verschicken?

WAS PASSIERTE?

- Vielleicht könnte man eine Superbrieftaube züchten, die Briefe mit Überschallgeschwindigkeit transportieren könnte. Hmm, wohl eher nicht!
- Viel besser wäre die Verwendung des Telefonsystems. Denn wenn Schall per Telefon übermittelt werden kann – warum nicht auch Botschaften oder Fotos?
- Wörter und Bilder müssen dafür natürlich in elektronische Signale umgewandelt werden. Nur wie?
- Ein Kopierer könnte helfen. Er könnte die Helligkeitsunterschiede der Vorlage in elektrische Signale umformen. Vielleicht könnte man ja einen Kopierer mit einem Telefon verbinden.

1966 brauchte ein Faxgerät noch sechs Minuten, um eine Seite zu übertragen. Heutige Geräte können bis zu zehn Seiten in der Minute versenden.

Kopieren per Telefon

Fax ist eine Kurzform für Faksimile (lateinisch für genaue Kopie). Beim Faxen wird ein Brief oder ein Bild kopiert. Die Kopie wird elektronisch über das Telefonnetz übertragen – daher heißt es auch Telefax. Das Faxgerät des Empfängers druckt die Kopie dann aus. Deshalb sieht ein Faxgerät aus wie ein kleiner Kopierer. Es ist aber an eine Telefonbuchse angeschlossen. Der Benutzer wählt eine Faxnummer so, wie er eine Telefonnummer wählt. Und weil Faxgeräte über das Telefonnetz senden, kostet ein Fax nur so viel wie ein Anruf.

Hell und dunkel

Im Inneren eines Faxgeräts befindet sich eine lichtempfindliche Abtasteinheit. Diese kann messen, wie hell eine Stelle auf dem Papier ist. Die Abtasteinheit fährt das Papier zeilenweise ab. Dabei unterscheidet sie helle und dunkle Stellen des Bildes.

Die gemessene Helligkeit wird in einen Code umgewandelt. Der Code wird in Form von elektronischen Signalen über die Telefonleitung gesendet, genauso wie der Schall unserer Sprache. Nur dass am anderen Ende der Leitung niemand zuhört, sondern ein Faxgerät die Signale wieder in »hell« und »dunkel« übersetzt. Der eingebaute Drucker druckt das übertragene Bild dann aus: Wir haben eine Kopie des Originals. Früher nannte man deshalb Faxgeräte auch Fernkopierer.

Kabelfoto

Ab 1935 verwendeten Reporter in den USA faxähnliche Geräte, um Nachrichtenfotos schnell an die Zeitungen zu senden. Diese Art der Übertragung wurde »Kabelfoto« genannt. Das erste Foto, das auf diese Weise übermittelt wurde, war ein Bild von einem Flugzeugabsturz. Es wurde innerhalb von acht Minuten in 25 Städte der USA verschickt.

Eine Nachricht wird über die Telefonleitung übertragen.

Erfinder-Wortschatz

elektronische Signale
Faksimile
Fax
lichtempfindlich
Telefax

Marke Eigenbau: Faxkunst

Ihr benötigt:

- dünne und dicke Pappe
- extra starken Kleber
- altes Mal- und Schreibzeug, z.B. Stifte, Scheren, Büroklammern, kleine Farbtöpfe, Pinsel, Wäscheklammern usw.
- goldene Sprühfarbe
- Reißzwecken

1 Klebt Pappstreifen als Rahmen auf eine feste Pappunterlage. Achtet darauf, dass innen noch ein Bild im Format DIN A4 hineinpasst.

2 Wenn der Kleber getrocknet ist, klebt alte Gebrauchsgegenstände in die Fächer: eingetrocknete Filzstifte, alte Pinsel, stumpfe Scheren usw. Lasst alles 24 Stunden trocknen.

3 Sprüht den Rahmen (draußen, nicht im Zimmer!) mit Goldfarbe ein.

4 Lasst euch Bilder faxen, oder faxt selbst welche. Die besten Faxe könnt ihr mit Reißzwecken im Rahmen befestigen.

Hängt eure schönsten Faxe als Bildergalerie auf!

Wie kann man viele Daten speichern?

1958 entwickelte der Forscher Jack Kilby den ersten integrierten Schaltkreis (IC). ICs wurden zunächst in Raketen und Satelliten eingesetzt. Wer hätte gedacht, dass sie eines Tages in so alltäglichen Dingen wie Autos und Waschmaschinen zu finden sein würden?

Das Geschäft brummt. Die Firmen wollen immer mehr herstellen und verkaufen. Aber die Chefs wollen nicht mehr Leute einstellen, weil das Geld kostet …

Stattdessen sollen Maschinen möglichst viele Aufgaben erledigen. Dafür sind die gleichen Entwicklungen wie für die Raketen hilfreich.

Genau genommen wollen die Firmen ein »Gehirn«, das Informationen speichern kann. Roboter sind zu langsam. Die Chefs brauchen etwas Schnelles, das keine Fehler macht.

WAS PASSIERTE?

- Die Computer wurden immer besser, aber auch immer größer. So groß, dass man darüber nachdenken musste, wie man noch bessere Computer kleiner bauen konnte.
- Nach der Erfindung der ICs konnten viel kleinere Computer gebaut werden. Die ICs enthalten viele Tausend elektronische Bauelemente auf einem kleinen »Chip« aus Silizium.
- Die Ingenieure entdeckten, dass Chips schnell und zuverlässig waren. Und man konnte sehr viele Informationen auf ihnen speichern.
- Chips sind das Gehirn eines Computers. Aber anders als das menschliche Gehirn machen sie keine Fehler – außer sie sind falsch gebaut …

Dank ihrer Mikroprozessoren können moderne Rechner über eine Milliarde verschiedener Dinge pro Sekunde erledigen.

Datenverarbeitung

Ein Mikroprozessor ist ein besonderer Computerchip. Er führt die Befehle aus, aus denen Computerprogramme aufgebaut sind. Größere Computer haben oft mehrere Prozessoren. Mikroprozessoren befinden sich aber auch in vielen anderen Geräten wie Digitaluhren, Spielekonsolen und Mikrowellengeräten. Die Befehle für den Prozessor stehen im Speicher. Der Prozessor arbeitet die Befehle Schritt für Schritt ab. Oft muss er dabei Berechnungen durchführen.

Wörter und Bits

Mikroprozessoren müssen große Datenmengen verarbeiten. Diese Daten liegen nicht in menschlicher Sprache vor. Stattdessen werden so genannte Datenwörter verwendet, die wiederum aus »Bits« bestehen. Ein Bit ist eine Binärziffer, also entweder eine 0 oder eine 1. Binär heißt nämlich, dass nicht mit den Ziffern 0 bis 9, sondern nur mit 0 und 1 gezählt und gerechnet wird.

Bits bewegen sich als elektrische Signale durch die Computer. Eine elektrische Ladung an einer bestimmten Stelle eines Mikroprozessors könnte z. B. 1 bedeuten und keine Ladung eine 0. Je länger die Wörter sind, die ein Mikroprozessor verstehen kann, desto schneller kann er meistens rechnen. Die ersten Prozessoren verstanden nur Wörter von vier Bit Länge. Heutzutage arbeiten sie oft schon mit 64 Bit.

Winzige Wunder

Wie kann man diese kleinen Chips bauen? Die Chips werden am Computer entworfen. Dann wird durch ein Belichtungsverfahren der Chip aus einer Scheibe reinen Siliziums hergestellt, dem Wafer. Ein Chip entsteht also ähnlich wie ein Foto.

Dieses Computerspiel läuft dank eines Mikroprozessors.

Erfinder-Wortschatz

binär
Bit
Computerchip
Gigahertz
Mikroprozessor

Marke Eigenbau: Mikrolabyrinth

Ihr benötigt:

- Schere oder Cutter
- Pappe
- Bleistift und Lineal
- Papier • Acrylfarbe
- Kleber • Pinsel
- Metall- oder Glaskugel
- durchsichtige dicke Folie (z. B. von einem alten Schnellhefter)
- Plastikbecher

1 Schneidet aus Pappe ein Quadrat (16 x 16 cm) aus. Bereitet einige Pappstreifen vor.

2 Markiert ein Quadrat auf der Pappe. Nehmt ein Stück Papier, das so groß ist wie das Quadrat, und zeichnet darauf ein einfaches Labyrinth ein. Die Wege müssen breiter sein als die Kugel!

3 Schneidet die Pappstreifen auf die benötigten Größen zurecht und klebt sie mit der Schmalseite auf die Linien des Labyrinths. Dekoriert den fertigen Irrgarten.

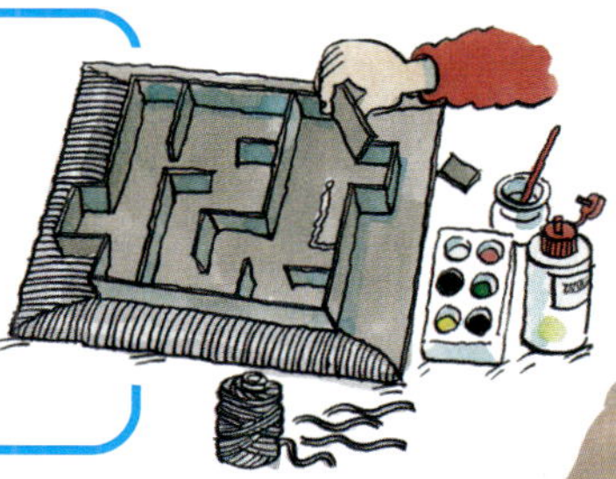

4 Legt die Kugel in das Labyrinth, bestreicht die Mauern mit Kleber und klebt die Plastikfolie von oben auf das Spiel.

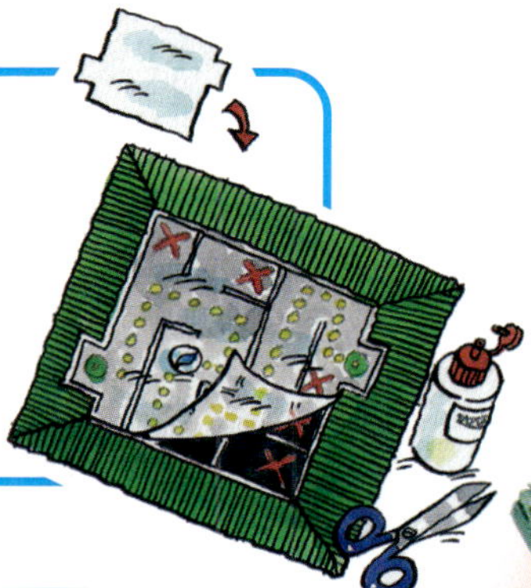

5 Schneidet das Oberteil eines Plastikbechers ab, schlitzt es auf und klebt es unter den Boden des Labyrinths. Jetzt könnt ihr euch das Spiel an den Arm schnallen.

Können Computer noch kleiner werden?

UNIVAC I war ein riesiger Computer, der sehr viel Platz beanspruchte. Außerdem war er so teuer, dass nur große Firmen und die Regierung sich einen UNIVAC leisten konnten. Wäre es nicht schön, wenn jeder einen Computer hätte? Aber bräuchten dann alle größere Zimmer? Oder müssten die Computer einfach kleiner werden?

Computer waren so groß, weil sie aus großen Bauteilen bestanden, z. B. aus Elektronenröhren. Wenn man die nur durch kleinere Bauteile ersetzen könnte.

Dann könnten Computer immer noch dasselbe, wären aber viel kleiner! Der Durchbruch kam im Jahr 1947 mit der Erfindung des Transistors.

Der erste Computer mit Transistoren wurde 1955 gebaut, war aber immer noch teuer und groß. Anfang der 1970er Jahre wurden die ersten Mikroprozessoren gebaut. Nun wurden die Computer kleiner.

WAS PASSIERTE?

- Die Wirtschaft war zunehmend auf Computer angewiesen. Manche Firmen verbanden mehrere Computer, um Informationen zu verteilen.
- Was man wirklich brauchte, war ein Computer für den Hausgebrauch: ein kleiner, bedienungsfreundlicher Personal Computer.

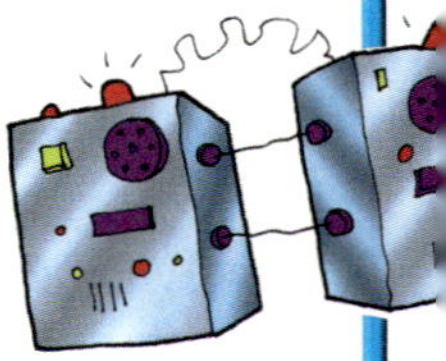

- Der Preis war immer das Problem. Schon 1975 gab es einen kleinen Computer, den Altair, aber er wurde nur von einigen Computerfans gekauft.
- Zwei Jahre später fanden zwei junge Männer namens Steve Jobs und Steven Wozniak, dass sie es besser könnten ...

Der PC gehört zu den Erfindungen, die unser Leben am stärksten beeinflussen.

Ein Alleskönner

Ein Personal Computer (PC) passt problemlos auf einen Schreibtisch. Das wichtigste Bauteil ist der Mikroprozessor. Er enthält die elektronischen Schaltungen, mit denen der Computer die Daten schnell verarbeiten kann. Manche PCs haben mehrere Mikroprozessoren: einen Hauptprozessor, der für alle Aufgaben geeignet ist, und einen so genannten Coprozessor, der z. B. besonders schnell rechnet. Für verschiedene Aufgaben werden unterschiedliche Programme benötigt. Viele Menschen schreiben ihre Briefe mit einem Textverarbeitungsprogramm. Andere Programme helfen beispielsweise bei der Buchhaltung oder verbinden mit dem Internet.

Netzwerke

In den meisten Büros sind die einzelnen Computer miteinander verbunden. Man spricht dabei von einem so genannten Netzwerk. Dieses wird von einer Anzahl Computer gebildet, die mit einem leistungsfähigen zentralen Computer verbunden sind. Die Verbindung kommt meistens über Netzwerkkabel zustande.

Der zentrale Computer wird als Server bezeichnet. Er sammelt und verteilt Informationen. Außerdem empfängt und gibt er Befehle an die anderen Computer. Diese Computer heißen Clients oder Workstations. Die Server befinden sich oft in einem eigenen Raum oder sogar in einem eigenen Gebäude. In manchen Firmen können die Angestellten an ihrem Computer zu Hause arbeiten und ihre Ergebnisse dann an den Server senden: Das nennt man Telearbeit.

Die Computer sind mit einem Server verbunden.

Computeranimation

In fast allen Filmen sind heutzutage Computergrafiken enthalten. In einem Zeichentrickfilm muss jedes Bild einzeln gezeichnet werden. In einem computeranimierten Film werden die Bilder vom Computer berechnet. Für jedes Bild müssen mehrere Millionen Berechnungen ausgeführt werden.

Erfinder-Wortschatz

Client
Coprozessor
Netzwerk
Personal Computer
Server
Telearbeit

Marke Eigenbau: PC

Ihr benötigt:

- alte Kabel und Computerchips
- Plastikwanne und -deckel
- Plastikfolie • Sprühfarbe
- dicke Pappe • Schere
- Plastikperlen • Bindfaden
- Kleber • Pfeifenreiniger
- buntes Papier oder Tonpappe
- Metallic-Acrylfarbe und Pinsel

1 Klebt Drahtstücke, elektronische Bauelemente und eine elektronische Schaltung in die Plastikwanne.

2 Klebt ein rechteckiges Stück Plastikfolie auf die Wanne. Sprüht Farbe darauf, bis alles nur noch verschwommen zu sehen ist.

3 Schneidet ein Stück Pappe von der Größe der Wanne aus. Klebt Perlen, Bindfaden, Computerchips und Kabel wie für eine elektrische Schaltung darauf.

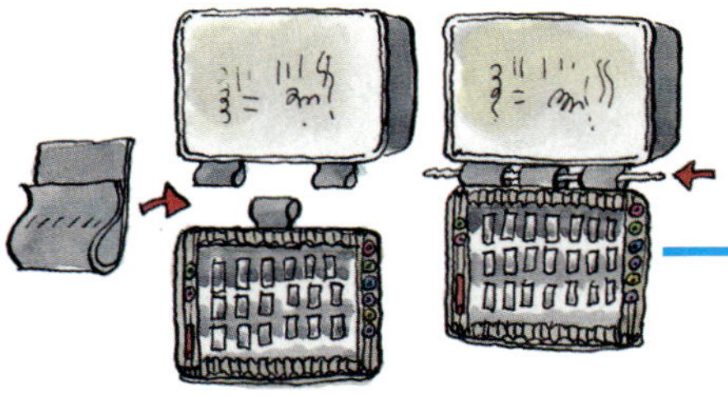

4 Bastelt Scharniere, indem ihr Pappstreifen wie im Bild faltet und zusammenklebt. Befestigt sie am Bildschirm und an der Schaltung. Dann zieht einen Pfeifenreiniger durch die Scharniere.

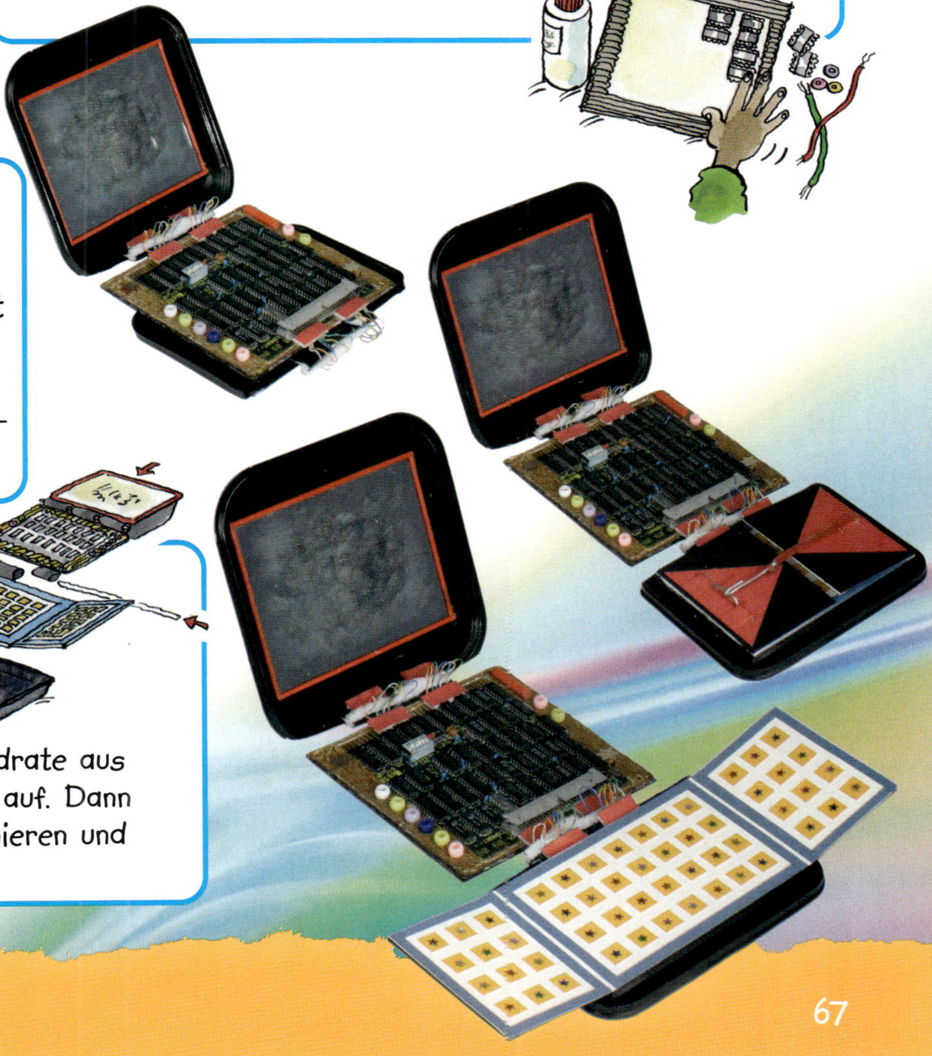

5 Um die Tastatur zu bauen, klebt nun ein breites Stück Pappe in einen Plastikdeckel. Schneidet kleine Quadrate aus Papier aus und klebt sie als Tasten auf. Dann befestigt die »Tastatur« mit Scharnieren und Pfeifenreiniger an der Schaltung.

Kann man Telefone ohne Kabel bauen?

Für die Kommunikation war Alexander Graham Bells Telefon ein großer Schritt nach vorn. Auf einmal war man in der Lage, mit Menschen zu sprechen, die Hunderte von Kilometern entfernt waren. Telefone sind durch Kabel miteinander verbunden. Deshalb war es unmöglich, ein Telefon zum Einkaufen mitzunehmen. Oder?

Nachdem Bell das Telefon 1876 erfunden hatte, wurde es immer weiter verbessert. Beispielsweise hatte zunächst jeder Telefonteilnehmer eine eigene Leitung zur Zentrale.

Bald gab es viel zu viele Kabel in der Luft. Deshalb wurden Leitungen verwendet, über die mehrere Gespräche zur gleichen Zeit übertragen werden konnten.

Vor 1930 wurden die meisten Gespräche von Telefonistinnen vermittelt. Ab den 1970er Jahren wurden die Wählscheibentelefone zunehmend durch Tastentelefone ersetzt. Aber mitnehmen konnte man die Telefone noch lange nicht.

WAS PASSIERTE?

- In Bells Telefonsystem liefen Gespräche durch eine Menge elektrischer Kabel und Vermittlungszentren.
- Obwohl die Technik Fortschritte machte, brauchten Telefone immer Leitungen. Telefone ohne Leitungen wären sehr praktisch, weil man sie mitnehmen könnte.
- Zunächst gab es so genannte schnurlose Telefone, die die Sprache per Funk übertrugen. Man durfte sich damit aber nicht zu weit von der Basisstation entfernen.
- Es dauerte noch eine Weile, bis Handys auf den Markt kamen, weil deren Technik noch viel komplizierter ist.

Die ersten Handys konnte man 1983 kaufen. Sie passten noch nicht in die Hosentasche ...

Handys

Ein Mobiltelefon - oder Handy - ist ein Telefon, das ohne Kabel funktioniert. Die Gespräche werden per Funk übertragen. Weil die Reichweite der Funkübertragung begrenzt ist, gibt es viele Empfangs- und Sendestationen, die jeweils eine so genannte Funkzelle versorgen. Vor allem in Städten gibt es sehr viele dieser Zellen.

Ein Handy ist ein Telefon, in das ein Funksender und ein Empfänger eingebaut sind. Man kann damit Gespräche sowohl ins Festnetz als auch in Mobilfunknetze führen. Mit den neuesten Geräten kann man nicht nur telefonieren, sondern auch fotografieren und filmen. Man kann die Fotos und Filme sogar damit verschicken.

Netze und Zellen

Handys brauchen ein Netzwerk. Jedes Netz hat eine zentrale Vermittlungsstelle, über die die eingehenden Gespräche an das Handy des Angerufenen weitergeleitet werden.

Heutige Mobiltelefone funktionieren digital. Das heißt, dass sie ihre Informationen in digitaler Form senden, also als Binärdaten. Der Anruf wird über die nächste Mobilfunkstation zur zentralen Vermittlungsstelle weitergereicht. Diese sendet nun eine Nachricht an alle Basisstationen, mit der das angerufene Handy gefunden werden kann. Wenn das Telefon sich meldet, werden beide Teilnehmer verbunden. Falls sich ein Handy aus der Reichweite der Station herausbewegt, wird es automatisch mit der nächstgelegenen Basisstation verbunden.

Handys haben unser Gesprächsverhalten verändert.

Bild per Telefon

Als Wissenschaftler sich die ersten Gedanken über Videotelefone machten, fanden viele die Vorstellung unangenehm, dass jemand sie über das Telefon sehen könnte.
Heutzutage finden wir so etwas schon fast selbstverständlich – es gibt mittlerweile Videohandys. Mit diesen neuen Handys können wir unsere Gesprächspartner auf dem Bildschirm des Telefons sehen.

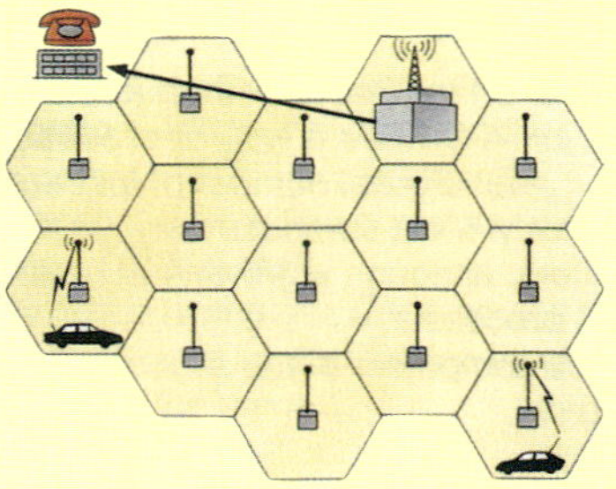

Erfinder-Wortschatz

digital
Funkzelle
Mobiltelefon

Marke Eigenbau: Handy-Telefonzelle

Ihr benötigt:

- einen Plastikbecher
- Kleber
- eine kleine Pappschachtel
- ein Stück Stoff
- dünne Pappe • Schere
- doppelseitiges Klebeband
- 6 Holzspieße
- transparente Folie
- Wasserfarbe und Pinsel

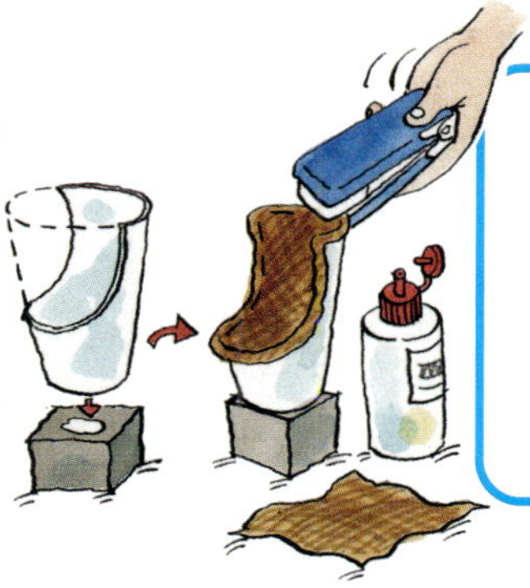

1 Schneidet vom Plastikbecher ein Stück so ab, dass ein sitzförmiger Halter entsteht, und klebt ihn auf eine Schachtel. Tackert den Stoff fest, schneidet überstehende Kanten ab und verklebt die Ränder.

2 Schneidet ein viereckiges Stück Pappe aus, das größer als die Halter-Schachtel ist. Schneidet einen Pappstreifen aus und umklebt damit drei Kanten des Pappquadrats. Wiederholt das für das Telefonzellendach, aber umklebt dabei alle vier Kanten.

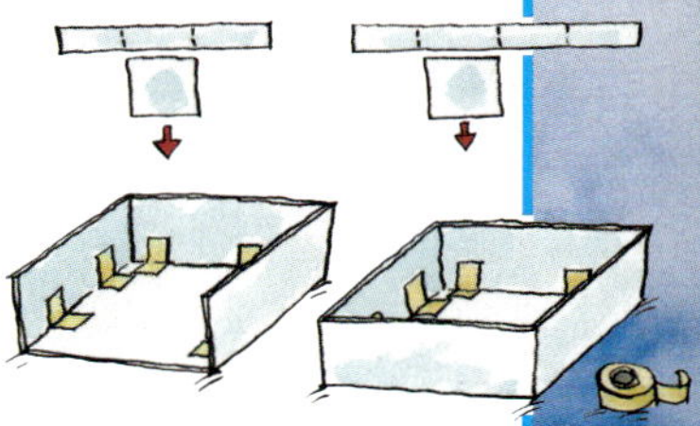

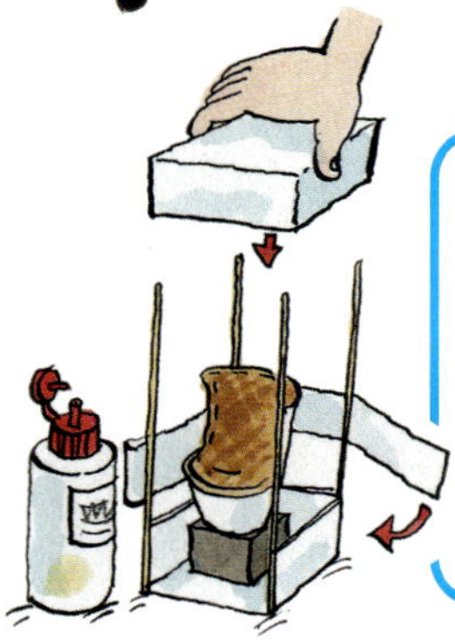

3 Klebt erst einen Holzspieß an jeder Ecke des Zellenbodens fest und dann das Dach obendrauf. Klebt einen dünnen Pappstreifen auf mittlerer Höhe um die Holzspieße. Befestigt den Handyhalter auf dem Boden.

4 Baut eine Zellentür aus Holzspießen und Pappstreifen wie abgebildet und klebt transparente Folie als Scheiben ein. Befestigt oben und unten Scharniere aus Pappstreifen und doppelseitigem Klebeband.

5 Klebt überall passende Folienstücke als Scheiben ein. Dann schneidet einen Griff aus Pappe aus und steckt ihn in einen halben Korken. Klebt den Griff auf dem Dach fest und malt die Telefonzelle bunt an.

Hier findet euer Handy ein Zuhause, wenn ihr nicht telefoniert.

Kann ich mit Laserstrahlen Musik abspielen?

Als Thomas Edison den Fonografen erfunden hatte, konnte man endlich auch zu Hause Musik hören. Aber die Tonqualität ließ zu wünschen übrig. Edison nahm noch auf Tonzylindern auf, was nur schlechte Kopien ermöglichte. Man brauchte ein besseres System.

1887 erfand Emil Berliner eine Methode, um Töne auf einer Scheibe aus Schellack aufzunehmen, das vom Panzer der Lackschildlaus gewonnen wurde.

Aus Schellack kann man dünne glatte Schallplatten machen. Dazu erfand Berliner das Grammofon, mit dem man diese Scheiben abspielen konnte.

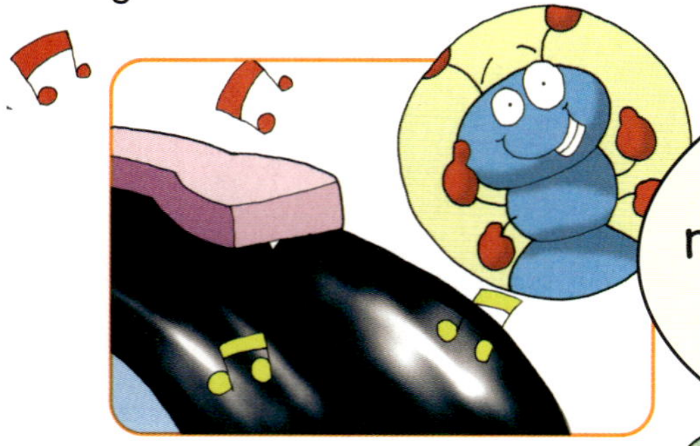

Zum Glück für die Lackschildlaus wurde Schellack später durch den Kunststoff Vinyl ersetzt. Der Ton wurde in einer langen Rille auf der schwarzen Platte gespeichert und mit einer Nadel am Plattenspieler aufgenommen.

WAS PASSIERTE?

- Eine empfindlichere Tonabnehmernadel wurde entwickelt, die dem Plattenspieler einen klareren Klang entlockte. Bessere Verstärker und Lautsprecher waren auch ein Fortschritt.
- Aber noch immer gab es einige Hintergrundgeräusche. Das wurde mit der Einführung der Audiokassette besser. Aber auch Kassetten waren noch nicht perfekt, und sie gingen oft kaputt.

- Um das Rauschen im Hintergrund zu unterdrücken, wandte man sich der Lasertechnik zu.
- Ein Laserstrahl ist ein exakter Tonabnehmer und kratzt oder quietscht nicht. Wie funktioniert das genau?

Eine CD garantiert einen viel besseren Klang als Platten oder Kassetten.

Leise Töne

Eine CD (englisch »compact disc« für Kompaktscheibe) ist eine flache harte Kunststoffscheibe mit Aluminiumbeschichtung. CDs haben einen Durchmesser von 12 cm und sind etwa 1,2 mm dick. Sie haben ein 15 mm großes Loch in der Mitte und werden meist in Form von so genannten Audio-CDs zur Speicherung von Musik verwendet.

Diese Audio-CDs spielt man mit einem CD-Player oder mit dem Computer ab. Die ersten Audio-CDs gab es 1982 in Japan. CDs werden aber auch für die Speicherung von Text-, Bild-, Ton- oder Filmdaten verwendet, um sie dann mit dem Computer jederzeit wieder abrufen zu können. Diese CDs nennt man dann Daten-CDs.

Scheibenmagie

Die Töne auf einer CD werden spiralförmig im Kreis abgespeichert, fast wie bei den Schallplatten. Aber statt einer Rille hat die CD Einbuchtungen, die man als Täler bezeichnet. Die erhabenen Flächen nennt man Berge. Die Tonspirale beginnt in der Mitte der CD und läuft bis zum Rand.

Die Täler sind nur drei Fünftel eines Mikrometers groß, was etwa so breit ist wie ein Hundertstel eines Haares. Es gibt auf einer CD mindestens 3 Milliarden Täler, was zusammen eine ca. 5 km lange Spirale ergibt. Die Spirale, die auf der Unterseite der CD eingebrannt ist, wird von einem Laserstrahl »gelesen«. Jede Veränderung wird von einem Sensor aufgenommen, der sie in ein elektronisches Signal umwandelt. Die Signale werden dann so wie bei allen anderen Aufnahmesystemen an die Lautsprecher gesendet.

Minidiscs

Minidiscs sind kleiner als CDs; sie passen in eine Handfläche. Auf Minidiscs passen ebenso wie auf eine CD etwa 80 Minuten Musik. Mp3-Player sind sogar noch kleiner. Sie speichern Musikdaten in einem viel kleineren Datenformat als auf normalen CDs. Trotzdem hören sie sich für das menschliche Gehör noch genauso an.

Auf eine CD passen heute schon mehrere Hundert mp3-Songs, die sich beliebig oft perfekt abspielen lassen.

Erfinder-Wortschatz

Audio-CD
Berge
CD
Daten-CD
Mikrometer
Sensor
Täler

Marke Eigenbau: CD-Untersetzer

Ihr benötigt:

- dicke Pappe
- Kleber • Korkscheibe
- Flaschenverschlüsse
- Schere • Plastikbecher
- silberne Sprühfarbe
- alte, kaputte oder Gratis-CDs
- 2 schmale Schachteln
- Acrylfarbe und Pinsel
- dünnen Basteldraht
- Glanzfolie

1 Schneidet eine dicke Pappscheibe (14 cm Ø) aus und klebt eine kleine Korkscheibe mit 4 Flaschenverschlüssen wie abgebildet darauf.

2 Schneidet dünne Pappstreifen in gleich große Stücke und klebt sie zwischen den Flaschendeckeln senkrecht auf den Rand der Pappscheibe.

3 Schneidet das Unterteil eines Plastikbechers ab und klebt es auf die Korkscheibe. Sprüht den ganzen Untersetzer silbern an. Dann klebt eine alte CD oben auf das Becherteil.

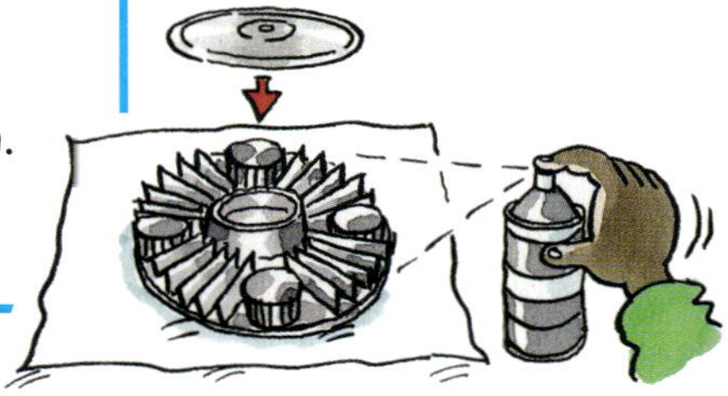

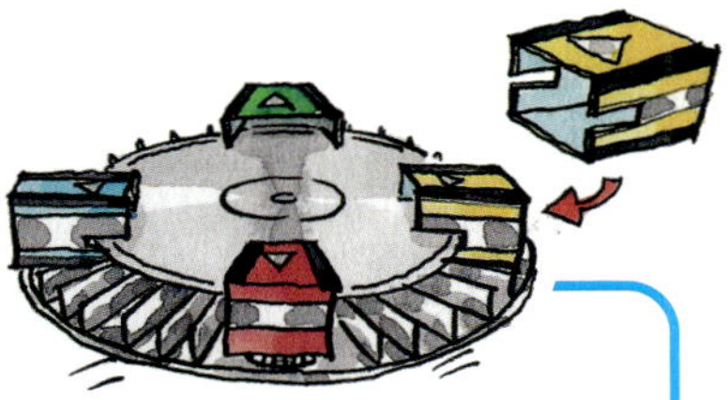

4 Teilt die beiden Pappschachteln in vier Hälften und schneidet sie seitlich ein. Bemalt die Schachtelteile und beklebt sie mit Glanzfolie, dann schiebt sie auf die CD.

5 Klebt Drahtstücke wie abgebildet an den Pappstreifen und der CD fest.

Wie können wir die Welt vernetzen?

Bis in die 1990er-Jahre hinein war das Telefon noch die einzige Möglichkeit, mit anderen über weite Entfernungen hinweg zu sprechen. Briefe oder Bilder schickte man per Fax. Aber ein Computer konnte viel größere Datenmengen speichern. Konnte man damit nicht noch besser und schneller Informationen versenden?

Mitte der 1960er-Jahre wollte die US-Army ihre Sicherheitssysteme verbessern und ein stabiles Kommunikationsnetzwerk einrichten, das Angriffen standhalten konnte.

Das Verteidigungsministerium begann also damit, an einer Möglichkeit zu arbeiten, viele Computer so miteinander zu verbinden, dass sie miteinander »sprechen« konnten.

1969 wurde das erste Netzwerksystem errichtet, das noch nach seiner Verteidigungsbehörde benannt ARPAnet hieß. Damit konnten vier Universitäten über ihre Computer miteinander kommunizieren.

WAS PASSIERTE?

- Bald schon erkannte man die unglaublichen Möglichkeiten eines solchen riesengroßen Netzwerks. Seine Entwicklung war nicht mehr aufzuhalten.
- Fast alle neuen Netzwerke der Welt schlossen sich dem ARPAnet an und bildeten ein Supernetz.
- Das so genannte Internet (englisch »interconnected network« für miteinander verbundenes Netz) war geboren.
- Nach 1990 konnte sich jeder, der einen Computer mit Modem und Internetsoftware besaß, ins Internet einwählen. Doch es ging weiter ...

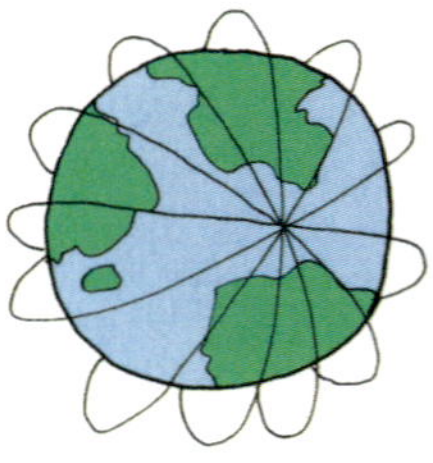

Tim Berners-Lees World Wide Web machte das Internet bedienungsfreundlicher und sehr beliebt.

Informationsvielfalt

Das World Wide Web (englisch für weltweites Netz) ist Teil des Internets. Das Web ist eine Art riesiges Lexikon, in dem man Texte, Klänge und Bilder findet. Mithilfe von Multimedia-Anwendungen kann man sogar Filme anschauen! Das Web besteht aus elektronischen Adressen, die Websites (englisch »site« für Ort).

Eine Site besteht aus mehreren Seiten, die Informationen anbieten. Diese werden auf Computern gespeichert, die mit dem Internet verbunden sind. Der Engländer Tim Berners-Lee, der am Europäischen Atomforschungsinstitut arbeitete, schrieb das Programm fürs World Wide Web (abgekürzt www) 1990. 1991 wurde es Teil des Internets.

Webbrowser

Zunächst war es noch ziemlich schwer, im Internet die gesuchten Informationen aufzustöbern. Man musste dazu komplizierte Befehle eintippen. Ganz einfach wurde die Internetsuche dann aber mit der Einführung von so genannten Browser-Programmen (englisch »browse« für stöbern), die beim Auffinden von Informationen halfen.

Ein Webbrowser macht Informationen mit einer grafischen Benutzeroberfläche mühelos zugänglich. Anstatt Befehle einzugeben, muss man nur noch auf Symbole klicken. Durch Hyperlinks gelangen Benutzer mit einfachem Klicken im ganzen Web von einem Dokument zum anderen. Hyperlinks schaffen eine direkte Verbindung zu Texten, Tönen, Bildern oder ganzen Sites.

Datenautobahn

Internet und World Wide Web haben sich so rasant entwickelt, dass man sie wegen der wachsenden Übertragungsgeschwindigkeit gern auch als Datenautobahn bezeichnet. Inzwischen kann man per Computer fernsehen, telefonieren, einkaufen, Bankgeschäfte tätigen und sogar wählen!

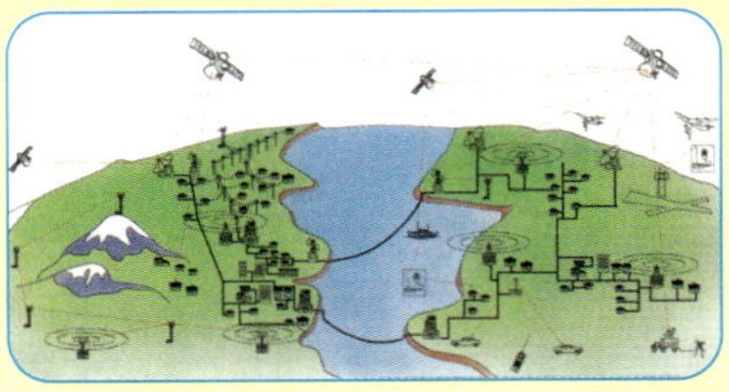

Im World Wide Web kann man fast alles tun!

Erfinder-Wortschatz

Browser
grafische Benutzeroberfläche
Hyperlink
Multimedia
Website

Marke Eigenbau: Internet-Schaukasten

Ihr benötigt:

- einen Schuhkarton
- eine runde Kunststoffschale
- Wasser- und Acrylfarbe
- Pinsel
- dünnen Draht
- Schere
- Drahtschneider
- Computerzeitschriften oder -kataloge
- Pappe
- Kleber

1 Malt einen Schuhkarton innen schwarz an. Malt die Kunststoffschale wie einen halben Globus in Grün, Blau, Braun und Weiß an.

2 Klebt die Erdhälfte mittig auf dem Schachtelboden fest. Malt viele weiße Punkte als Sterne.

3 Biegt aus Draht einige kleiner werdende Kreise und verbindet sie durch Querdrähte zu einem Netz.

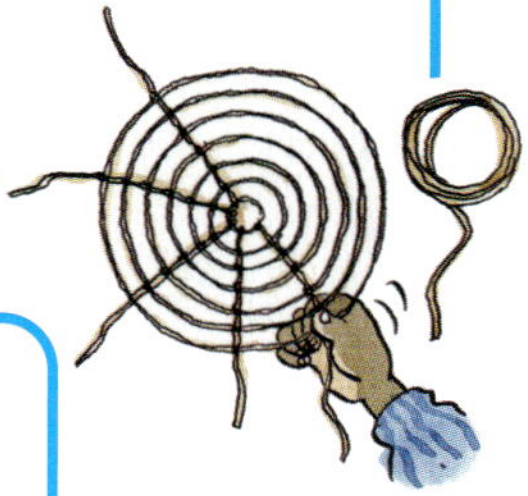

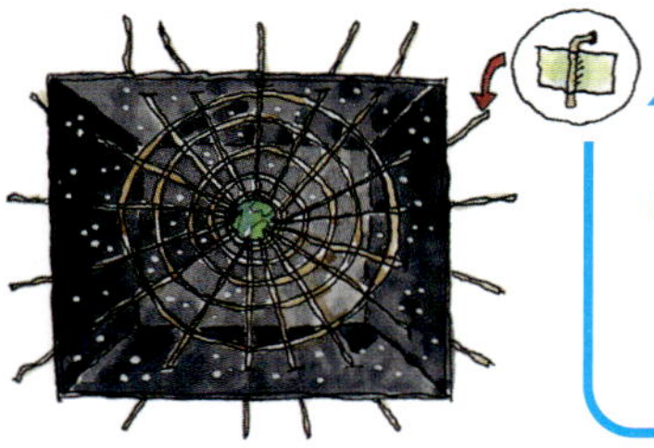

4 Legt das Netz in die Schachtel hinein und drückt die geraden Drahtenden durch die Schachtelwände hindurch. Biegt die Enden außen um.

5 Schneidet Bilder von Computern und elektronischen Geräten aus Zeitschriften aus. Klebt sie auf Pappe und schneidet sie noch einmal aus.

6 Steckt eure Bilder auf dem Drahtnetz fest. Malt dann den Schaukasten von außen bunt an.

Film oder Video?

In der frühen Zeit des Kinos hatten ein paar reiche Leute schon ihre eigenen Miniatur-Kinosäle zu Hause. Aber die meisten mussten warten, bis ein Film im Kino ihrer Heimatstadt gezeigt wurde. Es wäre doch toll, wenn alle die Möglichkeit hätten, Filme gemütlich zu Hause zu sehen!

In den 1950er-Jahren fingen die Fernsehsender damit an, Geräte zum Aufzeichnen von bewegten Bildern auf Magnetband einzusetzen.

Diese ersten Videobänder konnten Bilder und Ton gleichzeitig aufnehmen und wieder abspielen. Das funktionierte sehr gut.

Bald schon gab es Videorecorder und Videokassetten in Wohnzimmern und Schulen. Man konnte mit Videokameras Heimvideos drehen und aufgezeichnete Sendungen anschauen. Das brachte die Filmproduzenten auf eine Idee ...

WAS PASSIERTE?

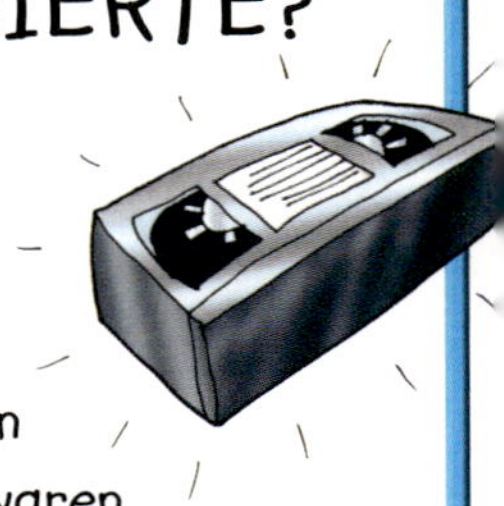

- Wenn Kinofilme einmal in den großen Kinosälen gelaufen waren, verkauften die Filmverleiher sie auf Videokassetten für den Hausgebrauch.
- Die VHS-Videokassette setzte sich schließlich als das beliebteste Format durch.
- Dann aber begann der Siegeszug der CD, und digitale CDs lösten Audiokassetten ab. Auch Filme sollten nun digital werden. Aber wie bekommt man einen Film auf eine CD?
- Wenn Musikdaten auf CDs gespeichert werden konnten, müsste es doch auch möglich sein, Bilder darauf zu bannen.

Filme auf DVD haben eine bessere Bildqualität als solche auf Videokassetten.

Vorbildlich

Eine DVD (kurz für englisch »digital versatile disc«, also vielseitige Digitalscheibe) ist eine Art CD. Sie ist genauso groß, kann aber so viele Daten speichern, dass alle Bilder und Töne für einen Film darauf passen. Über einen DVD-Player kann der Film dann auf dem Fernseher zu Hause angeschaut werden. Auf einer bestimmten Sorte DVD kann man wie auf einer Videokassette aufnehmen.

Eine DVD nimmt etwa siebenmal so viele Daten auf wie eine CD. Auf der Unterseite einer DVD sind spiralförmig angeordnete Berge und Täler eingebrannt, die zusammen einen Code ergeben, welcher von einem Laserstrahl »gelesen« wird. Der unregelmäßig reflektierte Laserstrahl wird in ein elektronisches Signal umgewandelt, das wiederum in Bilder umgesetzt wird.

Digitale Signale

Schon in den frühen 1970er Jahren begann man mit der Arbeit an digitalen Video-Discs. Aber zunächst waren Videorecorder und VHS-Kassetten das beliebteste Medium. Erst ab Ende der 1980er Jahre lohnte sich dann der Verkauf digitaler Filme.

Beim digitalen Aufnahmeverfahren wird das analoge, also das ursprüngliche Signal durch ein Mikrofon und eine Kamera in einen Rekorder eingespeist. Dieses Signal ist eine Folge von Licht- oder Schallwellen. Es fließt dann in einen Analog-digital-Wandler, der die Wellen in eine Reihe Ziffern umwandelt – ausschließlich in Nullen und Einsen. Für jede dieser Ziffern steht ein bestimmter elektronischer Impuls. Die Impulse werden auf eine CD gebrannt (s. S. 74). Gelesen wird die CD, indem ein Laserstrahl die digitalen Impulse abnimmt, die dann in Klang und Bild zurückverwandelt werden.

Es kann nur eines geben

In den 1980er Jahren gab es zwei konkurrierende Videosysteme: VHS-Kassetten und Betamax. Die Kassetten konnten nur auf ihrem jeweils eigenen System abgespielt werden. Eins musste das andere über kurz oder lang verdrängen – Betamax verschwand, und es blieb VHS.

Die DVD-Produzenten machten diesen Fehler nicht – es gibt nur ein einziges DVD-Format.

Ein Computerfachmann erstellt digitale Bilder in einem Filmstudio.

Erfinder-Wortschatz

analog
digital
DVD

Marke Eigenbau: 3-D-Bild

Ihr benötigt:

- 3 Blätter transparente Folie
- Acrylfarbe und Pinsel
- Pappe • Locher
- Bleistift • Kleber
- 4 Essstäbchen aus Holz
- alte Filzstifte
- Cutter
- Lutscherstiele

1 Malt ein dreischichtiges Bild: Denkt euch dazu einen Hintergrund, eine Mittelebene und einen Vordergrund aus und malt dann die zu jeder Ebene gehörenden Elemente auf ein eigenes Blatt transparente Folie. Lasst alles gut trocknen!

2 Legt ein größeres Stück Pappe zur Befestigung der Folien und als Rahmen bereit.

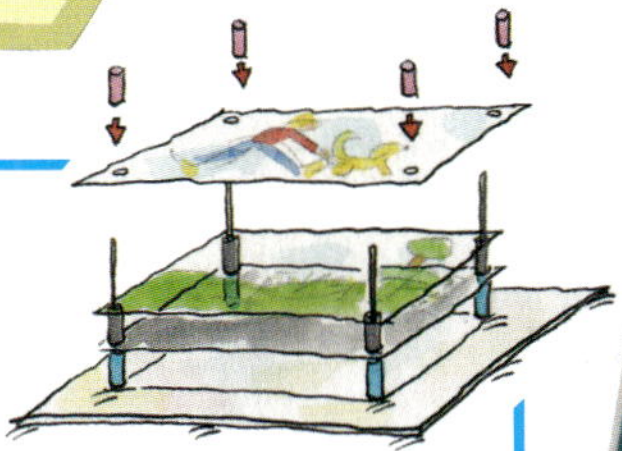

3 Legt die Folien übereinander und locht sie an jeder Ecke. Legt eine Folie auf den Rahmen und markiert auf der Pappe die Punkte der Löcher. Klebt auf diesen Punkten 4 Essstäbchen fest.

4 Entfernt die Minen aus einigen alten Filzstiften und schneidet die Röhren in 12 2-cm-lange Stücke.

5 Schiebt ein Hüllenstück über jedes Stäbchen und legt die Hintergrundfolie darüber. Dann folgen abwechselnd Hüllenstücke und die anderen Folien.

6 Malt den Rahmen an, und klebt bunt gemalte Lutscherstiele darauf.

Können wir in einen Computer hinein?

Sobald kleine Heimcomputer für jedermann erhältlich waren, nutzten die Softwarehersteller auch ihre Möglichkeiten, dafür Spiele zu verkaufen. Die ersten Computerspiele bestanden noch aus sehr simplen Symbolen und Bewegungen. Aber die Bilder auf dem Schirm wurden zusehends schöner.

Mit verbesserten Bildern wurden Computerspiele immer beliebter. Zunächst erschien z. B. Pacman sehr modern. Aber bald schon war es veraltet!

Die Spiele wurden immer vielschichtiger. Mit ständig neuen Entwicklungen wuchsen auch die Herausforderungen für den Spieler.

Aber wäre es wohl auch möglich, eine ganze eigene Welt im Innern eines Computers entstehen zu lassen? Könnte man tatsächlich selbst zu einer Spielfigur werden? Offenbar ja.

WAS PASSIERTE?

- In den 1960er Jahren erprobten Programmierer, wie man sich mit einem Computerprogramm austauschen könnte.

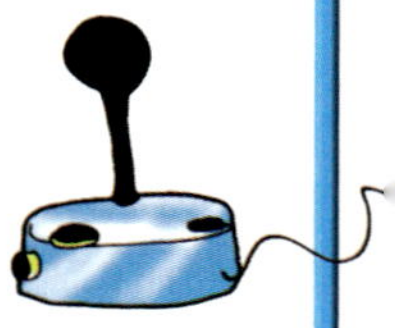

- Spielehersteller brachten Joysticks und Spielekonsolen zur Bedienung heraus. Aber auch damit konnte man beim Spielen nur von außen zuschauen.

- Um in einen Computer hineinzukommen, müsste man den Spieler in einer verkleinerten digitalen Abbildung ins Spiel bringen. Aber das waren ja sicher noch Hirngespinste?!
- Dann dachten die Forscher genauer über die Sinne nach, die man für eine Interaktion braucht: sehen, hören und tasten. Ob diese Sinne irgendwie mit einem Computer verbunden werden könnten?

Mit einem VR-System schafft man eine künstliche Welt für den Spieler, in der er sich frei bewegen kann.

So gut wie wirklich

Virtuelle Realität oder VR (englisch »virtual reality« für Quasi-Wirklichkeit) ist eine dreidimensionale Umgebung, die von einem Computer und ein paar Zusatzgeräten geschaffen wird. Mit einer speziellen Software werden die menschlichen Sinne überlistet. Man soll sich so fühlen, als ob man selbst Teil dieser künstlichen Welt ist.

Es geht aber nicht nur um Spiele. Beispielsweise lernen Piloten erst in einer virtuellen Realität, wie man fliegt, bevor sie wirklich in die Luft aufsteigen, Rennfahrer können ungewohnte Strecken gefahrlos ausprobieren oder Medizinstudenten können Operationen erst an virtuellen Patienten üben, bevor sie einen Menschen aufschneiden.

VR-Helme

In virtuelle Realitäten taucht man üblicherweise mit speziell dafür entworfenen Helmen, den VR-Helmen, ein. Im Helminnern befinden sich zwei Minibildschirme direkt vor den Augen des Benutzers. Außerdem sitzt an jedem Ohr ein Lautsprecher.

Der VR-Helm ist mit dem Computer verbunden, und der Computer erschafft die Bilder der virtuellen Welt. Sie ergeben zusammen betrachtet einen 3-D-Effekt, der dem Auge eine echte Umgebung vortäuscht. Ein so genannter Tracker (englisch für Verfolger) im Helm ertastet die Position des Benutzers und sorgt dafür, dass der Computer die Bilder jeder Kopfbewegung anpasst – so hat man das Gefühl, sich tatsächlich in der Computerwelt umzusehen.

Virtuelle Konstruktionen

Mit einem Darstellungssystem namens CAD (englisch »computer-aided design« für computergestützte Konstruktion) arbeiten vor allem Architekten und Ingenieure. Sie erstellen damit dreidimensionale Modelle von Gebäuden oder Fahrzeugen. Das Flugzeug Boeing 777 wurde z. B. vollständig mithilfe eines CAD-Programms entwickelt.

Final Fantasy war 2001 der erste abendfüllende Spielfilm, der ausschließlich am Computer entstand. Die Akteure sahen schon foto-realistisch aus, wirkten aber noch sehr steif.

Erfinder-Wortschatz

3-D
CAD
Software
virtuelle Realität
VR-Helm

Marke Eigenbau: VR-Helm

Ihr benötigt:

- einen Luftballon
- Zeitungsstreifen
- Kleber • Cutter
- Aluschale • Tapetenleim
- leere Klebefilmrollen
- 2 Korkuntersetzer
- 2 leere Joghurtbecher
- Flaschenverschlüsse
- dicken Basteldraht
- Drahtschneider
- doppelseitiges Klebeband
- Acrylfarbe und Pinsel

1 Beklebt einen Luftballon mit in Tapetenleim getauchten Zeitungsstreifen in Helmform. Lasst alles gut trocknen, zerstecht dann den Ballon und glättet die Helmkanten.

2 Schneidet über der Augenpartie einen Schlitz in den Helm und steckt eine Aluschale wie abgebildet ein. Klebt die Schale so fest, dass sie die Augen wie ein Visier bedeckt. Klebt vorn die Klebefilmrollen auf.

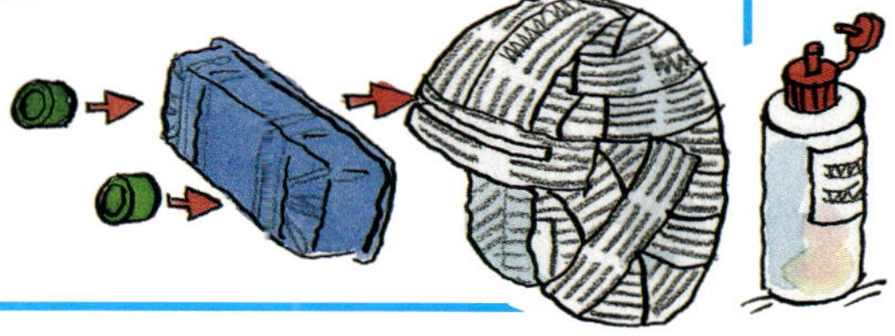

3 Klebt zwei Korkuntersetzer auf die Ohrenpartien und Joghurtbecher und Flaschenverschlüsse als Lautsprecher darüber.

4 Schneidet einige dicke Pappkreise aus und stecht Löcher in die Mitte. Formt einige Drahtbögen und steckt die Pappkreise auf den Enden fest.

5 Klebt die Scheiben und Drähte auf dem ganzen Helm verteilt mit doppelseitigem Klebeband fest. Malt euren Helm bunt an.

Braucht ein Fernseher eine Bildröhre?

Seit John Logie Baird 1926 den ersten mechanischen Fernseher baute, wurden die Fernsehgeräte immer größer und ihre Bildqualität stetig besser. Aber Fernseher mit herkömmlicher Bildröhre sind schwer und unhandlich – damit die Bildschirme flacher und leichter werden, müsste es doch auch ohne gehen!

Die ersten Fernseher waren klein und hatten kleine, abgerundete Schwarzweiß-Bildschirme. Aber immerhin bewegten sich die Bilder bei den Leuten zu Hause.

Als das Farbfernsehen eingeführt wurde, waren die neuen Fernsehgeräte schon viel größer – und leider immer noch schwer und platzraubend.

Digitales Fernsehen ermöglicht eine gleich bleibend hohe Bildqualität, und die Bildflächen sind heute so groß wie nie. Einige sehen schon fast aus wie kleine Kinoleinwände. Aber gerade diese Geräte nehmen mit Bildröhren viel Platz ein.

WAS PASSIERTE?

- Bildröhren erzeugen farbiges Licht im Fernsehgerät, durch das die Farbfernsehbilder entstehen.
- Sie müssen aber sehr lang und groß sein, um ordentliche Bilder zu erzeugen. Also besteht ein Fernseher fast nur aus einer nach hinten herausragenden Bildröhre.

- Man musste also eine andere Möglichkeit finden, um Licht auf den Bildschirm zu bringen. Es wurden mehrere Geräte untersucht, die unter Strom gesetzt zu leuchten beginnen.
- Am Ende kamen Ingenieure auf das Neonlicht, das Gas enthält. Wenn man dieses Prinzip nun auf den Fernsehbildschirm übertragen könnte?

Plasmabildschirme sind eine relativ neue Entwicklung, die sofort viele Anhänger gefunden hat.

Kammerflimmern

Ein Plasmabildschirm besteht aus kleinen Kammern. Diese Kammern sind mit Gas gefüllt (meist mit Neon und Xenon) und liegen zwischen zwei Glasplatten. Elektroden liegen zu beiden Seiten der Kammern. Sobald eine Elektrode den Kammern Strom zuführt, wird das Gas darin zu einer kleinen Explosion gebracht, die eine ultraviolette Lichtstrahlung verursacht.

Diese UV-Strahlung bringt nun durch farbige Phosphoren rotes, grünes und blaues Phosphorlicht auf dem Bildschirm zum Leuchten. In verschiedenen Kombinationen ergeben diese drei alle Farben, die wir auf dem Bildschirm sehen. Plasmabildschirme können bis zu 1,50 m groß sein und trotzdem nicht dicker als 12 cm, sodass man sie an die Wand hängen kann.

Plasmatechnik

Im Gegensatz zu den alten Fernsehbildröhren, bei denen ein Bild in einer schnellen Abfolge von Bildpunkten auf dem Bildschirm immer wieder neu aufgebaut wurde, werden alle Pixel (von englisch »picture elements« für Bildpunkte) des Plasmabildschirms gleichzeitig farbig erhellt. Deshalb entsteht das Plasmabild störungsfrei und scharf.

Insgesamt werden auf einem Plasmabildschirm 16,7 Millionen Farben dargestellt. Das Bild erstreckt sich ohne Flimmern gleichmäßig bis in alle Ecken des Bildschirms. Und da die Phosphorschicht direkt aufleuchtet und das Bild nicht wie bei den älteren LCD (Leuchtkristall)-Anzeigen darauf gestrahlt wird, hat man als Zuschauer von jedem Betrachtungswinkel aus klare Sicht.

Kein Fernseher

Eigentlich ist ein Plasmabildschirm kein Fernseher, denn er besitzt keinen eigenen Empfänger für Bildwellen von einer Antenne oder vom Kabel. Er muss also immer an ein anderes Gerät mit eigenem Tuner (Empfänger) angeschlossen sein, etwa an einen Videorecorder.

Erfinder-Wortschatz

Kammern
Neon
Pixel
Plasmabildschirm
Xenon

Marke Eigenbau: Leuchtbild

Ihr benötigt:

- Papprollen
- Cutter und Schere
- Kleber • Basteldraht
- Kunststoffstab oder -röhre

- dicke Pappe
- ein Poster oder großes Foto mit weißer Rückseite
- eine Papp-Versandrolle
- Acrylfarbe und Pinsel

1 Schneidet einige Papprollen auf ca. 10 cm Länge zurecht und klebt sie zu einem Block aneinander.

2 Stecht in die mittlere untere Rolle von unten ein Loch und steckt eine Kunststoffröhre oder einen dicken Stab hinein.

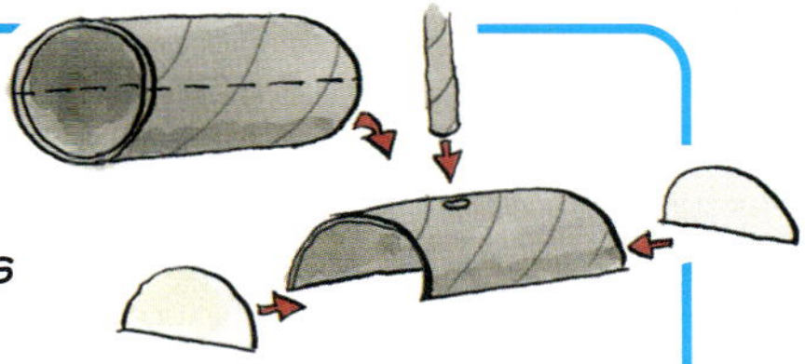

3 Halbiert eine große Versandrolle längs und stecht oben ein Loch, in das ihr das andere Ende des Stabs steckt. Klebt dann von unten einen dicken Pappboden an die halbe Rolle.

4 Streicht Bastelkleber einseitig auf alle Papprollenenden und klebt das Poster oder Bild vorn auf. Die weiße Bildrückseite ist wichtig, damit das Licht durchscheinen kann. Schneidet die Bildkanten nach dem Trocknen mit dem Cutter ab.

5 Stellt euer Leuchtbild vor das Fenster, oder beleuchtet es von hinten mit einer Lampe.

3. KAPITEL

Unter Wasser

Inhalt

Kann man unter Wasser atmen?

Der größte Teil der Erde ist mit Wasser bedeckt. Es gibt also viel zu entdecken und zu erforschen! Aber der Mensch braucht Luft zum Atmen, die es unter Wasser nicht gibt. Also muss man sich entweder Kiemen wachsen lassen – oder die Luft mit unter das Wasser nehmen!

Schon vor Urzeiten konnten Menschen tauchen. Man blieb unter Wasser und hielt so lange wie möglich die Luft an.

Bereits in der Antike tauchte man nach Perlen, Schwämmen und Muscheln. Auch Alexander der Große soll getaucht sein.

Die ersten Taucherbrillen waren aus poliertem, durchsichtigem Schildpatt. Aber auch mit Brille konnten die Taucher nur so lange unter Wasser bleiben, wie ihr Atem reichte.

WAS PASSIERTE?

- Taucher konnten das Luftanhalten trainieren. Aber nach kurzer Zeit hatten sie trotzdem keinen Sauerstoff mehr.
- Irgendwie mussten die Taucher die Luft mit unter Wasser nehmen. Oder gab es eine Möglichkeit, die Luft nach unten zu leiten?
- 1715 hatte der Engländer John Lethbridge die Idee, eine Art Tauchtonne aus Holz und Leder anzufertigen.

- 1837 entwickelte der Ingenieur Augustus Siebe einen Taucheranzug mit wasserfester Kleidung und Helm.

Erst mit Taucheranzügen war es möglich, den Meeresboden und Schiffswracks zu erforschen.

Wasserdicht

Beim Helmtauchen trägt man einen wasserdichten Taucheranzug und einen Helm mit einem Schlauch. Direkt über dem Taucher befindet sich ein Boot mit einer Pumpe an Bord, die Atemluft durch den Schlauch in den Helm hinunterdrückt. Die ersten Taucherhelme bestanden aus Kupfer, die ersten Taucheranzüge aus Segeltuch. Heute sind die Helme und Schläuche meist aus leichteren Materialien, z. B. Fiberglas. Solche Schläuche können auch Druckluft zu Maschinen leiten und Kabel zu elektrischen Geräten legen. So kann man beispielsweise sogar unter Wasser Metall schneiden oder schweißen!

Tauchsicherheit

Wasser hat wie Luft ein bestimmtes Gewicht. Dieses Gewicht drückt auf tauchende Körper. Wasser ist aber viel schwerer als Luft. Der Druck auf einen Taucher in 10 m Tiefe ist doppelt so groß wie der Luftdruck oben. Bei 20 m ist der Druck dreimal so hoch usw.

Der Wasserdruck macht das Tauchen riskant, und Taucher müssen vorsichtig sein. Wenn sich der Druck um den Taucher herum rasch ändert, kann z. B. das Trommelfell im Ohr reißen. Man nennt diese Verletzung auch Barotrauma. Aus diesem Grund müssen Taucher sehr langsam in die Tiefe gehen. In mehreren Hundert oder sogar Tausend Metern Tiefe ist der Druck so groß, dass er ein U-Boot zerquetschen könnte. Deshalb müssen Tauchfahrzeuge und Taucheranzüge mit einem Innendruck versehen werden, der dem Wasserdruck entgegen wirkt.

Die Taucherkrankheit

Früher sind Taucher oft rätselhaft erkrankt, nachdem sie aufgetaucht sind. Im Blut eines Tauchers, der Druckluft atmet, sammelt sich Stickstoff an. Beim Auftauchen wird dieser abgeatmet. Wenn der Taucher zu rasch aufsteigt, können Stickstoffbläschen im Blut den Blutfluss behindern, und im schlimmsten Fall kann man daran sterben. Durch sehr langsames Auftauchen vermeidet man die Taucherkrankheit.

In modernen Taucheranzügen kühlt der Körper nicht so schnell aus.

Erfinder-Wortschatz

Barotrauma
Druckluft
Fiberglas
Taucheranzug
Taucherkrankheit
Tiefsee
Wasserdruck

Marke Eigenbau: Bullaugen

Ihr benötigt:

- Pappe • Seidenpapier
- Muscheln • Kiesel
- Metallic-Karton
- bunte Pappe • Schere
- weiße Strohhalme
- ein kleines Stück Tüll
- doppelseitiges Klebeband
- Kleber • Glitzerkleber
- Wasserfarbe und Pinsel

1 Schneidet zwei große Pappkreise aus. Auf einem Kreis gestaltet ihr eine Unterwasserlandschaft mit Seidenpapier, Wasserfarbe und Kleber.

2 Als Meeresboden klebt ihr Muscheln und kleine Kiesel auf.

3 Mit Strohhalmen und Metallic-Karton könnt ihr eine versunkene Stadt oder ein Schiffswrack basteln. Mit dem Tüll und dem Seidenpapier bastelt ihr Algen und bunte Fische zum Aufkleben.

4 Schneidet einen langen Streifen Pappe ab und befestigt ihn mit Doppelklebeband am Rand des Pappkreises.

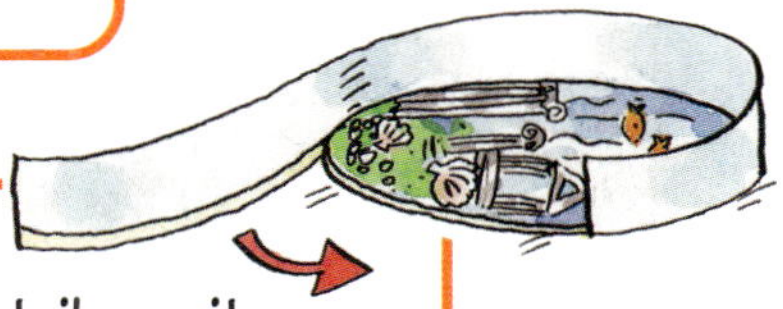

5 Schneidet aus dem anderen Pappkreis einen großen Ring aus. Klebt den Pappring auf dem Bullauge fest. Mit Wasserfarbe und Glitzerkleber verzieren.

Wie können wir ungefährdet tauchen?

Mit Taucheranzügen und Unterwasserfahrzeugen können die Menschen die Unterwasserwelt erforschen und Bergungsarbeiten durchführen. Aber die Bewegungsfreiheit ist dadurch stark eingeschränkt. Wäre es nicht toll, wie ein Fisch im Wasser schwimmen zu können? Aber wie soll man dann atmen?

Schon vor Jahrtausenden tauchten die Menschen mit angehaltener Luft. Aber diese Technik erlaubte nur kurze, hektische Tauchgänge.

Etwa 100 v. Chr. wurden bereits Schnorchel benutzt. Doch mit Schnorcheln kann man nicht tief tauchen.

Im 19. Jahrhundert wurde die Technik für die Unterwasserforschung deutlich verbessert. Aber noch immer waren die Taucher darauf angewiesen, dass man sie von der Wasseroberfläche aus mit Luft versorgte.

WAS PASSIERTE?

- 1942–43 entwarfen der Meeresforscher Jacques-Yves Cousteau und der Ingenieur Emile Gagnan einen Lungenautomaten für die Atmung unter Wasser: die so genannte Aqualunge.
- Der Taucher sollte einen mit Druckluft gefüllten Behälter mit unter Wasser nehmen. Dafür bauten sie einen Behälter, den sich der Taucher auf den Rücken schnallen konnte.
- Die Luft musste dann über einen Schlauch direkt zum Mund des Tauchers geleitet werden.
- Aber wie sollte man die Luft dosieren? Man braucht ja nur Luft, wenn man einatmet!

Die Aqualunge gehört zur Standard-Tauchausrüstung und versorgt den Taucher mühelos mit Luft.

Die Aqualunge

Durch die Aqualunge kann ein Taucher selbstständig unter Wasser atmen. Sie besteht aus einer leichten Aluminiumflasche und einem Schlauch mit Ventil. Mit einem Riemen kann man die Flasche auf dem Rücken befestigen. In der Flasche befindet sich Druckluft.

Das Ventil steckt im Mund des Tauchers. Beim Einatmen lässt das Ventil Luft hindurch. Beim Ausatmen drückt das Ventil die Luft ins Wasser hinaus. Mit einer Flasche kann ein Taucher etwa eine Stunde in 12 m Tiefe bleiben. Meistens haben die Taucher aber zwei Flaschen bei sich.

Tauchtechniken

Man kann mit oder ohne technische Hilfsmittel tauchen. Zum Freitauchen benötigt man kein Zubehör, außer vielleicht einen Schnorchel, Flossen oder eine Brille. Beim Gerätetauchen (oder Scuba-Diving) benutzt man Flaschen mit Atemgas.

Die Flaschen mit der Atemluft trägt der Taucher auf dem Rücken. Wie viel Luft er verbraucht, hängt davon ab, wie sehr er sich anstrengt und wie tief er taucht. Der Lungenautomat gleicht den Druck der Luft aus der Flasche dem Wasserdruck an. Ohne diesen Automaten könnte der Taucher schwer verletzt werden. Gerätetaucher tragen oft auch Trockenanzüge aus Gummi, um sich warm zu halten, und Bleigürtel, um dem Auftrieb entgegenzuwirken.

Taucherballast

Die meisten Taucher tragen unter Wasser komplizierte Ausrüstung mit sich herum. Spezialkameras und Lampen braucht man zum Fotografieren und Filmen. Elektronik wird z. B. verwendet, wenn die Taucher sich miteinander verständigen müssen, etwa wenn sie auf der Suche nach einem Schiffswrack sind.

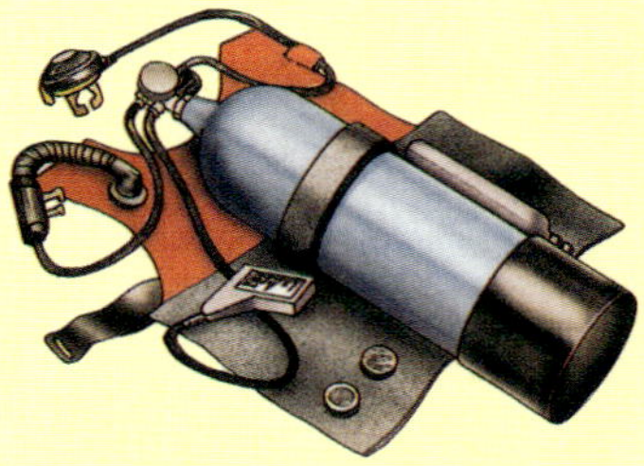

Gerätetaucher an einer Bohrinsel im Atlantik.

Erfinder-Wortschatz

Aqualunge
Auftrieb
Freitauchen
Gerätetauchen
Lungenautomat

Marke Eigenbau: Tiefseetaucher

Ihr benötigt:

- Modelliermasse
- ein stumpfes Modelliermesser
- zwei kleine Pappschachteln
- Kleber • Krepppapier
- rostfarbene Metallicfolie
- Kordel
- einen Flaschenverschluss
- einen Kronkorken
- Klarsichtfolie
- Acrylfarbe und Pinsel

1 Formt einen Taucher-Kopf in einem Helm, zwei Arme und zwei Beine.

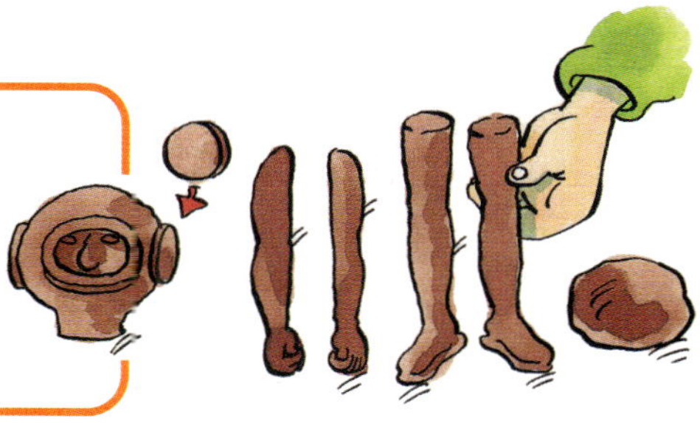

2 Klebt die zwei Schachteln zusammen und beklebt sie mit der Metallicfolie.

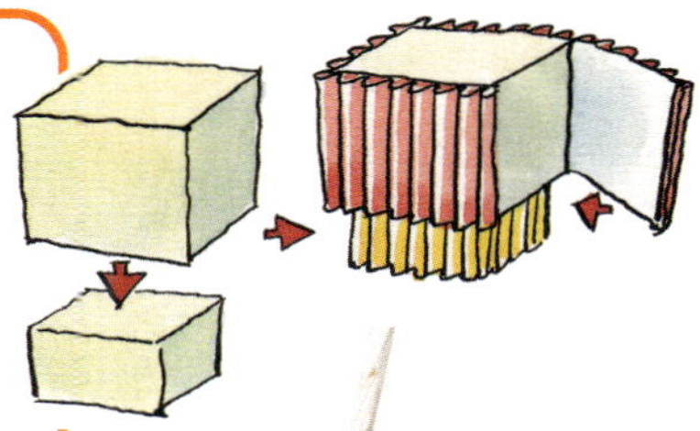

3 Wälzt die Arme und Beine erst in Kleber, dann in Krepppapier. Das Ergebnis sieht aus wie die Oberfläche eines Taucheranzugs. Wickelt Kordel um die Arme und Beine.

4 Klebt ein Stück Klarsichtfolie über das Sichtfenster des Helms. Klebt einen Flaschenverschluss auf den Helm, darauf ein Stück Kordel als Rettungsleine.

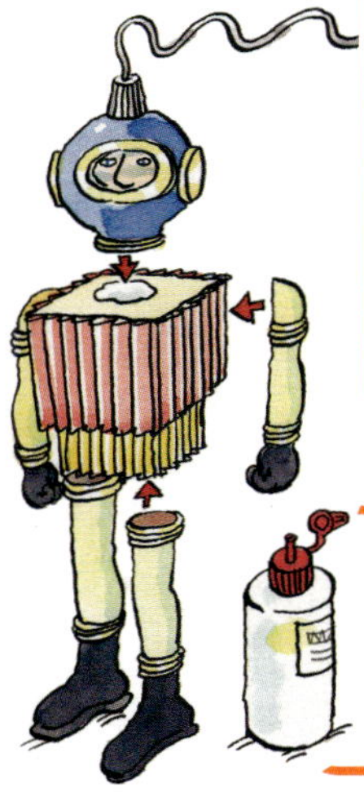

5 Klebt die Körperteile des Tauchers zusammen. Malt ihm Handschuhe und Stiefel.

Bindet den Taucher an eine Seilrolle und lasst ihn auf- und abtauchen!

Können wir noch tiefer tauchen?

Seitdem die Menschen nach Perlen und Schwämmen getaucht sind, haben sie versucht, immer länger unter Wasser zu bleiben. Das erste Gerät, mit dem die Taucher unter Wasser atmen konnten, war die Tauchglocke. Damit konnte man aber nicht tiefer als 20 m tauchen.

Die ersten Modelle waren unten noch offen. Allein der Luftdruck in der Glocke verhinderte, dass Wasser eindrang.

Die Luft gelangte durch einen extra Schlauch hinein, der bis an die Wasseroberfläche reichte. In diesen Glocken hatten oft mehrere Personen Platz.

Eine praktische Tauchglocke wurde 1535 entwickelt. Ihr Erfinder hieß Guglielmo di Loreno. Aber auch sie war nicht für große Tiefen geeignet. Im 19. Jahrhundert brauchten die Forscher etwas Besseres.

WAS PASSIERTE?

- Eine offene Glocke war nicht mehr geeignet. Man brauchte ein geschlossenes Modell.
- Aber eine Glocke mit Boden war nicht das Richtige. Der Wasserdruck wäre sehr hoch und würde die Glocke nicht gleichmäßig belasten.
- Eine Kugel war die bessere Lösung. In der Kugel konnte man Sitze anbringen.
- Holz war nicht geeignet, weil der Wasserdruck es leicht brechen konnte. Aber 1930 hatte der Amerikaner Otis Barton die zündende Idee ...

In Bartons Taucherkugel konnten Wissenschaftler, hier William Bebe, das Leben unter Wasser aus der Nähe betrachten.

In der Kugel

Die Bathysphäre ist ein kugelförmiger Behälter, den man unter ein Schiff hängen kann. Der Luftdruck in der Taucherkugel ist und bleibt so groß wie der an Land. So kann der hohe Druck unter Wasser den Insassen nicht schaden. Die Taucherkugel hat runde Fenster, sodass man hinausschauen kann.

Otis Bartons Modell hing an einem Mutterschiff und hatte keinen eigenen Antrieb. Er entwarf und verwendete 1930 gemeinsam mit dem Naturwissenschaftler William Bebe die erste Bathysphäre. Sie konnten Pflanzen und Meerestiere in einer Tiefe beobachten, wie es noch nie zuvor gelungen war.

Tiefseefische

In den tiefsten Tiefen des Meeres ist es stockdunkel. Der hohe Druck des umgebenden Wassers würde jedes Landtier zerquetschen. Trotzdem gibt es dort Tiere, die sich perfekt an ihre Umgebung angepasst haben.

Es gibt Tiefseefische, deren Körper dem großen Druck widerstehen können. Der Anglerfisch und der Pelikan-Aal haben ein riesiges Maul mit langen, spitzen Zähnen. Mit dem großen Maul haben die Fische bessere Möglichkeiten, das am Meeresboden rare Futter zu erwischen. Manche Fische können sogar Licht erzeugen. Das Anglerfisch-Weibchen besitzt beispielsweise eine Flosse, die zu einem Köder umgewandelt ist. Die leuchtende Spitze baumelt vor ihrem Maul, um Beute anzulocken.

Riesenmäuler

Viele Tiefseefische haben große, fremd aussehende Mäuler. Der Pelikan-Aal hat z. B. zwei nur durch Haut verbundene Kiefer und kann Nahrung schlucken, die größer ist als er selbst. Der Viperfisch dagegen hat ein besonderes Gelenk im Kopf, das seinen Biss verstärkt. Wenn er das Maul öffnet, werden seine inneren Organe beiseite geschoben, damit er mehr Platz für die Beute hat. Manche Viperfische haben so lange Fangzähne, dass sie auch bei geschlossenem Maul hervorschauen.

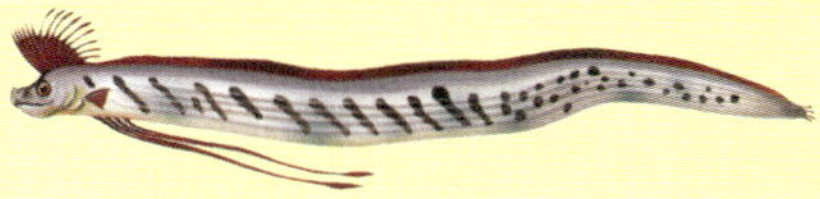

Die ersten Forscher waren überrascht, dass es in der Tiefsee Lebewesen gibt.

Erfinder-Wortschatz

Bathysphäre
Tiefseefische

Marke Eigenbau: Tiefseefisch-Laterne

Ihr benötigt:

- einen Luftballon
- Zeitungsstreifen
- Seidenpapier
- Alufolie und Metallicfolie
- Pappkarton
- einen Styroporbecher
- Basteldraht
- Schere
- Cutter • Tapetenleim
- Kleber • Glasperlen

1 Beklebt einen Luftballon mit in Tapetenleim getauchten Zeitungsstreifen. Lasst alles gut trocknen.

2 Schneidet den Fischkörper nach unten halbkreisförmig ein. Den unteren Teil klappt ihr auf, das ist der Unterkiefer. Schneidet spitze Zähne aus Pappe aus und klebt sie am Mund fest.

3 Klebt den Styroporbecher ans Schwanzende. Schneidet einen senkrechten Schlitz hinein. Schneidet dann eine Flosse aus Pappe aus und klebt sie hinein.

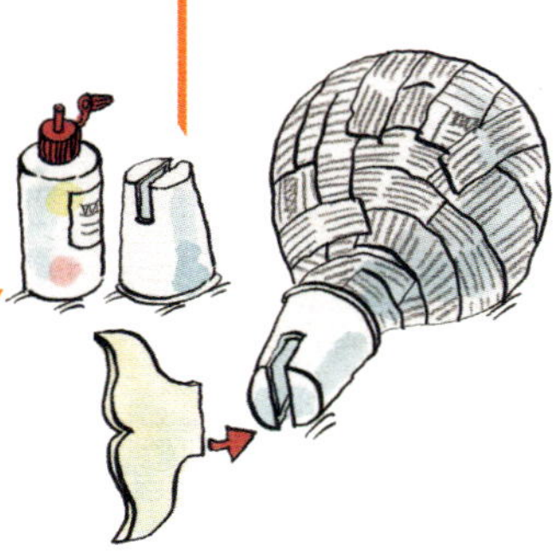

4 Rollt zwei Pappstreifen zusammen und klebt sie fest. Dann befestigt ihr die Glasperlen darauf. Klebt die Augen auf den Fisch. Schneidet zwei Flossen aus Folie aus und setzt sie an die Körperseiten.

5 Beklebt den Fisch mit Seidenpapierschuppen. Dann knüllt ihr Alufolie zusammen und klebt sie an einem Drahtende fest. Das andere Ende klebt ihr an der Stirn des Fisches fest.

Mit Leuchtfarbe sieht dein Fisch besonders spannend aus!

Können Schiffe unter Wasser fahren?

Boote und Schiffe fahren normalerweise über der Wasseroberfläche. Niemand dachte früher daran, dass sie auch unter Wasser fahren könnten, denn man kannte keinen geeigneten Antrieb dafür. Aber einige Erfinder machten sich doch Gedanken über ein U-Boot.

Das erste Unterwasserfahrzeug war ein Ruderboot mit einer wasserdichten Abdeckung aus Tierhaut. 1620 stellte der Holländer Cornelius van Drebel ein solches Boot vor.

1776 baute der amerikanische Student David Bushnell ein Ein-Mann-U-Boot namens »American Turtle«, die »Amerikanische Wasserschildkröte«.

1801 entwickelte Robert Fulton ein U-Boot mit Kupferhaut. Es wurde »Nautilus« getauft. Es war 6,40 m lang und konnte andere Schiffe versenken. Aber kein Land war daran interessiert. Offenbar musste das Modell verbessert werden.

WAS PASSIERTE?

- Offensichtlich mussten die U-Boote vor allem als Kriegsschiffe entwickelt werden.
- Dafür mussten sie nicht nur lange unbemerkt unter Wasser bleiben können, sondern auch auf andere Schiffe schießen und diese versenken.
- Die Entwicklung der Dampfmaschine und die Entdeckung der Elektrizität machten es möglich, ein U-Boot mit Motorantrieb zu bauen. 1889 konstruierte John P. Holland ein 16 m langes U-Boot mit Benzinmotor.

- Die nächste Herausforderung war die Frage, wie das U-Boot unter Wasser bleiben und von dort aus ein anderes Boot ausfindig machen konnte.

Periskop hochfahren!

Deutsche Unterseeboote waren die ersten U-Boote, die erfolgreich eingesetzt wurden.

Im Tauchgang

Ein U-Boot kann unter Wasser ebenso gut gesteuert werden wie an der Wasseroberfläche. Es kann sogar bis zu 450 m tief tauchen. Ein U-Boot ist 60–150 m lang. An der dicksten Stelle ist es etwa 9 m breit. Bis zu 150 Menschen arbeiten an Bord eines U-Boots. Die meisten U-Boote werden übrigens für Militärzwecke eingesetzt.

An der Oberfläche fährt das U-Boot wie ein normales Schiff. Wenn es jedoch tauchen soll, flutet man die Tauchzellen mit Wasser, sodass das Schiff schwerer wird. Die Tiefenruder helfen, im Wasser auf derselben Höhe zu bleiben. Wenn das U-Boot wieder aufsteigen soll, wird Luft in die Tauchzellen geblasen, oder die Tiefenruder werden aufgestellt.

Stromlinienform

Die so genannte Stromlinienform ist für Schiffe, U-Boote und Flugzeuge sehr wichtig. Ein eher eckig geformtes Boot, wie etwa eine Barkasse, wühlt das Wasser stark auf. Das nennt man Turbulenzen. Die Stromlinienform verhindert unnötige Turbulenzen.

Von einer Stromlinienform spricht man, wenn das Fahrzeug vorne rund geformt ist und am Ende spitz zuläuft, so wie ein U-Boot. Wenn das U-Boot durch das Meer gleitet, verdrängt es das Wasser. Das Wasser teilt sich vor dem Boot, umfließt es und kommt hinter dem Boot wieder zusammen. Um den Verlauf der Wasserströmung sichtbar zu machen, gibt man Farbe ins Wasser. Daran, wie sich die Farbschlieren beim Vorbeifließen verhalten, kann man die Turbulenzen ablesen.

Blitzschneller Räuber

Der Körper eines Hais hat eine vorbildliche Stromlinienform. Deshalb kann der Hai sehr schnell und mühelos schwimmen. Wenn der schlanke, glatte Haikörper durch das Wasser gleitet, verursacht er kaum Turbulenzen. Deshalb kann der Hai seine Beute oft überraschen.

Das U-Boot und der Fisch sind ähnlich stromlinienförmig.

Erfinder-Wortschatz

Stromlinienform
Tauchzellen
Tiefenruder
Turbulenzen
U-Boot

Marke Eigenbau: Wal-Mobile

Ihr benötigt:

- feinen Maschendraht
- Zeitungsstreifen
- Leim
- Pinsel und Farbe
- Kordel

1 Schneidet ein großes und ein kleineres Maschendraht-Rechteck aus. Formt daraus zwei Walrümpfe. Fügt jeweils ein Paar Walflossen hinzu.

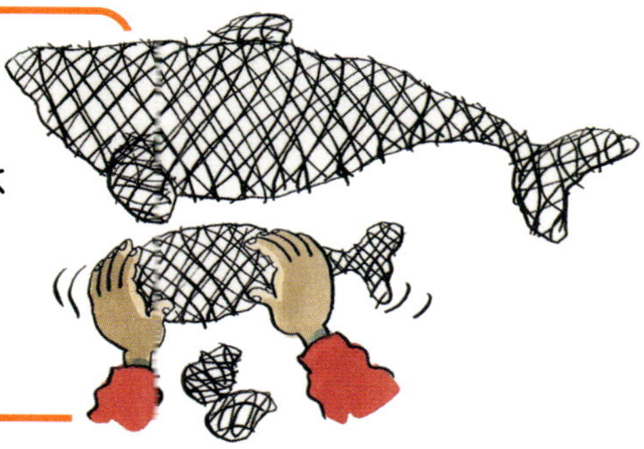

2 Umwickelt die Drahtwale großzügig mit in Tapetenleim getauchten Zeitungsstreifen.

3 Wenn das Papiermaschee gut getrocknet ist, bemalt ihr die Wale.

4 Befestigt den kleinen Wal mit Kordel an dem großen Wal. Das Mobile hängt ihr an die Decke.

Aufgehängt schwimmen die Wale und drehen sich!

Wie tief können wir tauchen?

Als William Bebe und Otis Barton ihren berühmten Tauchgang in der Karibik unternahmen, kamen sie 923 m tief. Aber der Ozean ist an vielen Stellen noch viel, viel tiefer, und es dauerte nicht lange, bis die Forscher in diese unbekannten Gebiete vorstoßen konnten.

Ein Taucher im Taucheranzug würde bereits nach einigen Metern Tiefe vom Gewicht des Wassers über ihm zerdrückt. Deshalb war die Taucherkugel eine tolle Idee.

Aber sie war von einem Boot an der Wasseroberfläche abhängig. Ohne eigenen Antrieb war die Forschung damit nur sehr eingeschränkt möglich.

Die Wissenschaftler wollten bis zu 10 km tief ins Meer tauchen. Aber dafür hätte man eine ebenso lange Kette gebraucht, um sich wieder hinaufziehen zu lassen!

WAS PASSIERTE?

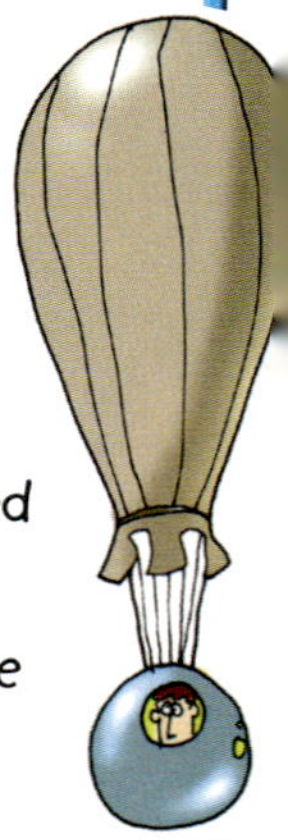

- Der Schweizer Auguste Piccard erforschte die Erdatmosphäre. 1931 stieg er mit einem Assistenten auf fast 16 000 Meter Höhe. Dafür benutzte er eine luftdichte Gondel, die an einem Ballon hing.
- Danach wandte sich Piccard der Erforschung der Tiefsee zu. Er wollte seine Kenntnisse für den Bau eines Tauchfahrzeugs einsetzen.
- Er entwickelte eine luftdichte Kapsel, die an der Unterseite eines großen Tanks befestigt wurde. Wie konnte sie steigen und sinken?

1953 tauchte Auguste Piccards Tauchfahrzeug im Mittelmeer in 3140 m Tiefe.

Das Bathyskaph

Bathyskaph nannte Piccard ein bemanntes Tiefsee-U-Boot. Die Kapsel für die Taucher besteht aus dickem Metall, damit die Kugel dem hohen Wasserdruck der Tiefsee standhält. Diese Kugel hängt an einem großen Tank mit mehreren Kammern. Einige Kammern sind mit Petroleum gefüllt. Da es leichter ist als Wasser, kann das Bathyskaph im Wasser schweben.

Batteriebetriebene Motoren setzen mehrere Schiffsschrauben in Bewegung. Damit kann sich das Bathyskaph im Wasser bewegen. Die Kugel ist schwerer als Wasser, aber der Tank ist leichter. Zum Sinken wird daher Wasser in einige Kammern des Tanks eingelassen. Das Gewicht der Kugel zieht das Bathyskaph dann langsam aber stetig nach unten.

Der Meeresboden

Die Meerestiefe ist der Abstand zwischen der Wasseroberfläche und dem Meeresboden. Man misst sie in Metern. Wissenschaftler benutzen bestimmte Begriffe, um die Schichten des Wassers zu beschreiben.

Die Tiefe kann man auch mithilfe der Lichtmenge messen, die das Wasser durchdringt. Bis auf 200 m Tiefe ist das Meer gut durchlichtet. Deshalb findet man in dieser Schicht auch viele Tiere, die sich von lichtabhängigen Pflanzen wie Algen ernähren. Von 200 bis 800 m Tiefe reicht die Zone, die zwar schlecht durchlichtet, aber noch nicht vollkommen dunkel ist. Ab etwa 800 m sinkt die Temperatur des Wassers stark. Man nennt diesen Bereich auch die Sprungschicht. Darunter beginnt die Tiefsee. In ihr gibt es überhaupt kein Licht.

»Trieste« in der Tiefe

1960 stellte Auguste Piccards Sohn Jacques in Begleitung eines amerikanischen Marineleutnants einen Tauchrekord auf. Mit dem Bathyskaph, das jetzt den Namen »Trieste« trug, tauchten sie in den Marianengraben. Sie erreichten dabei über 10 000 m Tiefe. Der Marianengraben liegt im Pazifik und ist einer der tiefsten Seegräben überhaupt. Er ist tiefer, als der Mount Everest hoch ist.

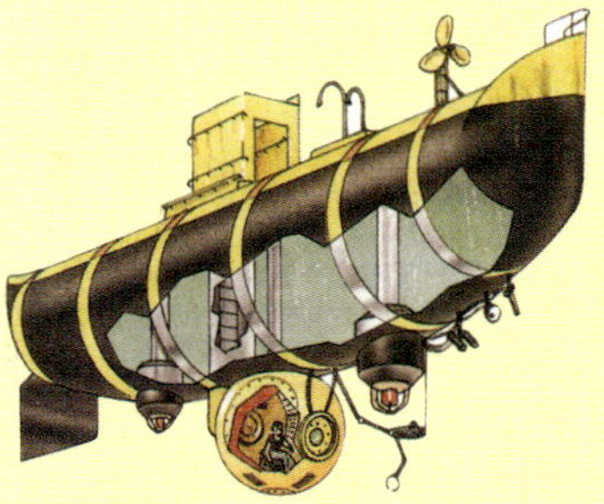

Auf dem Meeresboden leben viele seltsam aussehende Tiere, die an die Lebensbedingungen angepasst sind.

Erfinder-Wortschatz

Bathyskaph
Meeresboden
Petroleum
Schiffsschraube

Marke Eigenbau: Tauchkugel

Ihr benötigt:

- einen Luftballon
- eine Zeitung
- 2 Toilettenpapierrollen
- Pappe
- Alufolie • Comics
- Flaschenverschlüsse
- Strohhalme
- Pfeifenreiniger
- bunte Kabel
- Schere
- Tapetenleim
- Kleber

1 Beklebt einen Luftballon mit in Tapetenleim getauchten Zeitungsstreifen. Lasst alles gut trocknen.

2 Schneidet die Toilettenpapierrolle in drei Stücke. Klebt kleinere Papprnge hinein und eine ausgeschnittene Comicfigur dahinter.

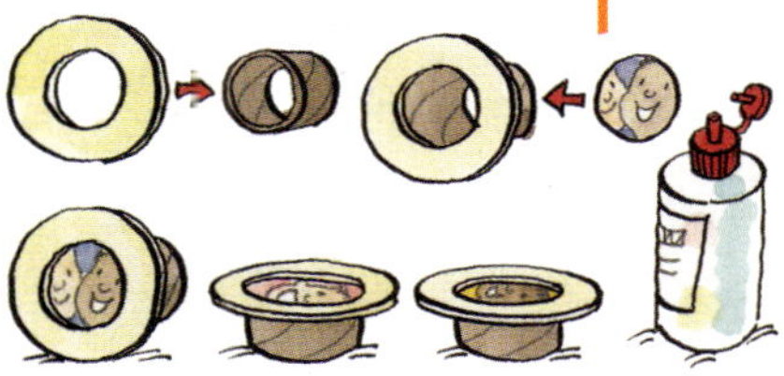

3 Klebt diese Bullaugen auf den Ballon und einen langen, schmaler Streifen Pappe an den Enden zusammen. Klebt die Kugel auf diesem Fuß fest.

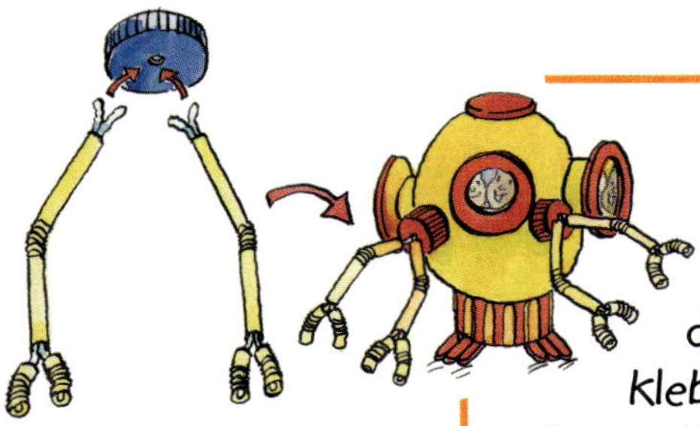

4 Für den Roboterarm schiebt ihr Strohhalmstücke über die Pfeifenreiniger. Steckt das Ende durch einen Flaschenverschluss und klebt ihn an der Kugel fest. Schmückt den Arm mit Kabeln und wiederholt das Ganze für den zweiten Arm.

5 Umwickelt drei Flaschenverschlüsse und eine längs halbierte Toilettenpapierrolle mit Alufolie. Klebt die Kappen darauf und die Rolle an die Kugel.

Wie kann man ein U-Boot versenken?

Die »Tirpitz« war das größte Kriegsschiff der deutschen Marine im Zweiten Weltkrieg. Sie war über 253 m lang. Trotz ihrer Größe und Stärke war sie aber nur selten im Einsatz.

Wenn die »Tirpitz« nicht auf See war, lag sie in Norwegen in einer geheimen Militärbasis vor Anker. Von dort aus konnte sie schnell die Nordsee und den Atlantik erreichen.

Die Kampfschiffe der Briten, Franzosen und Amerikaner patrouillierten in der Nordsee, um die »Tirpitz« immer im Blick zu haben.

Wenn die »Tirpitz« vor Anker lag, wurde sie mit einem riesigen Metallnetz umspannt, das sie vor Torpedos schützen sollte. Aber war dieses Schiff wirklich vor Zerstörung sicher?

WAS PASSIERTE?

- Es war sehr schwierig, die »Tirpitz« an der felsigen Küste von Norwegen ausfindig zu machen.
- Ein Überraschungsangriff wurde geplant. Aber dieser konnte nicht vom Meer aus gestartet werden; ein Schiff konnte man zu leicht bemerken.

- Ein U-Boot wäre besser gewesen. Aber seine Torpedos konnten nicht das Netz durchdringen, das die »Tirpitz« schützte. Die Briten hatten eine andere Idee …

Die Engländer bauten Mini-U-Boote, die, unter Schiffe gehängt, von größeren U-Booten abgeschossen oder erst zu ihrem Ziel geschleppt und von da aus losgeschickt wurden.

Kompaktklasse

Die Mini-U-Boote, die die britische Marine im Zweiten Weltkrieg benutzt hat, boten vier Menschen in einem winzigen Raum Platz. Es gab keine Küche, deshalb ernährte man sich hauptsächlich von Äpfeln und Orangensaft. Durch eine Schleuse konnten Taucher das Boot bei Übungen verlassen.

Diese winzigen U-Boote hatten Haftminen geladen. Das waren Explosionswaffen, die am Bauch eines feindlichen Schiffes befestigt werden konnten. Ein Taucher verließ das Mini-U-Boot, durchschnitt das Metallnetz und brachte die Haftminen am Schiff an. Solche Einsätze waren für die Taucher lebensgefährlich.

Mini-Power

Sechs Mini-U-Boote wurden nach Norwegen geschickt, um die »Tirpitz« zu zerstören. Sie wurden von einem großen U-Boot bis kurz vor das Zielgebiet geschleppt. Tagsüber blieben sie aus Tarngründen unter Wasser, nur nachts stiegen sie an die Oberfläche. Trotzdem schafften es nur zwei Mini-U-Boote bis ans Ziel.

Dem vorletzten gelang es, bis an das Metallnetz der »Tirpitz« vorzudringen. Es blieb dicht unter dem Wasserspiegel, aber dann prallte es auf Felsen. Durch die heftige Bewegung tauchte das Boot auf und geriet unter Beschuss. Das Mini-U-Boot verfolgte hartnäckig weiter seinen Auftrag, und die Besatzung konnte die Haftminen anbringen, bevor sie gefangen genommen wurde. Auch das letzte Mini-U-Boot konnte den Auftrag ausführen, bevor es versenkt wurde. Die »Tirpitz« wurde stark beschädigt. Sehr viele Menschen fanden auf beiden Seiten bei einer solchen Schlacht den Tod.

Die »Tirpitz« war eines der größten deutschen Schlachtschiffe.

Das Ende

Nach dem Mini-U-Boot-Angriff musste die »Tirpitz« 12 Monate lang repariert werden. Aber bevor sie wieder in See stechen konnte, wurde sie schließlich von einer britischen Bombe versenkt.

Erfinder-Wortschatz

Haftmine
Mini-U-Boot
U-Boot

Marke Eigenbau: Modellschiff

Ihr benötigt:

- dicke Pappe
- Schere
- Zahnstocher
- Kleber
- Bleistift
- schwarzen Filzstift
- Wasserfarbe und Pinsel

1 Zeichnet drei Umrisse von verschiedenen Schiffen auf Pappe und schneidet sie aus.

2 Als Erstes zeichnet ihr den Vordergrund. Dieser Umriss sollte recht niedrig sein.

3 Das nächste Schiff sollte ein bisschen höher sein und mehr Einzelheiten über Deck haben.

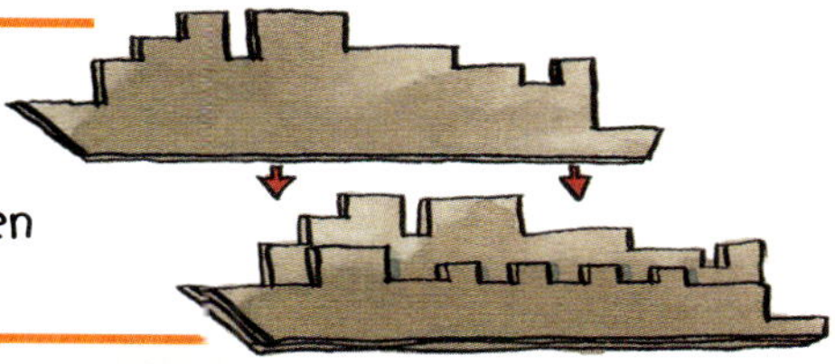

4 Der dritte Umriss sollte der höchste sein. Auf diesem Schiff können große Dinge stehen, z. B. die Kommandobrücke oder hohe Türme.

5 Klebt die drei Umrisse hintereinander. Als Masten klebt ihr Zahnstocher auf. Malt Luken und Bullaugen auf.

Malt einen Meereshintergrund für euer Schiff!

Wo setzt man U-Boote ein?

Hauptsächlich wurden U-Boote zwar als Kriegsschiffe eingesetzt. Aber bald entdeckten Wissenschaftler, dass sie sich auch hervorragend zur friedlichen Erkundung der Tiefsee eigneten. Sie dachten darüber nach, wie man die U-Boote für den Einsatz in der Forschung vorbereiten könnte.

Ein Forschungs-U-Boot muss nicht groß sein. Die Größe der Mini-U-Boote schien für Forschungszwecke ideal zu sein.

Es bietet Platz für drei oder vier Personen. Sie können mehrere Tage darin bleiben und haben Zeit für Beobachtungen und Untersuchungen.

Mit noch kleineren Booten konnten die Forscher bereits 300 m tief tauchen. Aber sie wollten in tiefere Bereiche des Ozeans vorstoßen.

WAS PASSIERTE?

- Die Wissenschaftler fanden immer mehr über das Leben im Meer heraus. Daher suchten sie nach neuen Möglichkeiten, die Ozeane zu erforschen.
- Ein Unterwasserfahrzeug war ein gutes Hilfsmittel. Die Forscher konnten länger unter Wasser bleiben als beim Tauchen.
- Mit einem dickwandigen U-Boot konnte man sehr tief tauchen, ohne dass die Insassen durch den Wasserdruck gefährdet wurden.

- Mit Kameras konnte man den Meeresboden fotografieren und auf Karten festhalten.

Tauchboote beleuchten den völlig dunklen Meeresboden mit Flutlicht.

Tauchboote

Ein Tauchboot ist ein Unterwasserfahrzeug mit einem sehr dicken Rumpf, das viel tiefer tauchen kann als ein normales U-Boot. Bemannte Tauchboote können bis zu 6500 m tief tauchen. Die ersten Tauchboote wurden mit Tauen hinabgelassen. Heute haben sie meist Motoren und können sich selbstständig fortbewegen.

Manche Tauchboote werden vom Mutterschiff durch Kabel mit Strom versorgt. Die Tauchboote haben einen Luftvorrat. Oft gibt es auch Kameras, Flutlicht und bewegliche Arme, mit denen Wasser- und Bodenproben entnommen werden können. Viele Tauchboote werden heute allerdings per Fernbedienung gesteuert.

Die Tiefsee

Wir wissen heute schon viel über das Meer. Aber bisher wurde nicht einmal ein Fünfzigstel der Tiefsee erforscht.

Vor etwa 150 Jahren begannen die Menschen, mit Netzen Lebewesen aus der Tiefsee zu fischen. Bis dahin hatten die Wissenschaftler geglaubt, dass am Meeresboden keine Tiere lebten. Nachdem die Wasserfahrzeuge weiterentwickelt worden waren, wurde das Meer aber immer genauer erforscht. 1976 benutzte man zum ersten Mal den Epibenthosschlitten, eine Art Schaufel. In den Proben vom Meeresboden befanden sich Tiere, die man noch nie gesehen hatte. Man erfuhr nun sehr viel über die Lebensbedingungen auf dem Meeresboden. Und jetzt können die Wissenschaftler die Tiere direkt in ihrem Lebensraum beobachten.

Wasserfahrzeuge sind mit Greifarmen ausgestattet, um Tiere und Pflanzen vom Meeresboden aufheben zu können.

Kaltes Wasser, heiße Winde

1977 fanden der Meeresforscher Robert Ballard und sein Team seltsame Quellen auf dem Meeresgrund, aus denen heißes Wasser strömte. Das Wasser, das aus diesen Öffnungen dringt, ist bis zu 400° C heiß! Die heißen Quellen ernähren viele Tiere und Pflanzen, denn das aus ihnen strömende Wasser ist reich an Nährstoffen. Das heiße Wasser dringt aus tieferen Gesteinsschichten ins Meer, vor allem entlang der großen Tiefsee-Rinnen.

Erfinder-Wortschatz

Epibenthosschlitten
heiße Quellen
Tauchboot
Tiefsee-Rinnen

Marke Eigenbau: Flaschenaquarium

Ihr benötigt:

- eine durchsichtige eckige Plastikdose
- 1 Stück Styropor
- Metallicfolie
- dünnen Draht
- Muscheln und Kiesel
- Krepppapier
- Glanzpappe
- farbige Pappe
- Kleber
- Acrylfarbe und Pinsel

1 Schneidet eine Seite der Dose auf. Klebt ein zurechtgeschnittenes Stück Styropor auf den Boden der Dose und eins in die obere Öffnung.

2 Schneidet viele Fische aus der Metallicfolie aus. Klappt neun Stücke Draht zurecht, an denen ihr die Fische festklebt.

3 Bemalt das untere Stück Styropor ockerfarben. Klebt Muscheln und Kieselsteine darauf.

4 Steckt die Fischdrähte ins Styropor. Dann klebt ihr Krepppapierstücke als Seetang an dem oberen Stück Styropor fest.

5 Beklebt die ausgeschnittene Seite der Dose mit Glanzpappe. Verschließt die Dose und beklebt den oberen und unteren Teil mit bemalter Pappe, um das Styropor zu verbergen.

Was kann ein U-Boot noch antreiben?

1908 stach zum ersten Mal ein U-Boot mit Dieselmotor in See. Dieselkraftstoff war preiswerter und nicht so gefährlich wie Benzin. Allerdings benötigen beide Motortypen Luft, und deshalb konnten diese Boote nicht so lange unter Wasser bleiben.

Im Ersten Weltkrieg waren die ersten U-Boote im Einsatz. Da sie schlecht zu entdecken waren, konnten sie viel Schaden anrichten.

Nach einigen Stunden mussten sie wieder auftauchen, und dann konnten sie von Flugzeugen und Schiffen entdeckt werden.

Alle dieselbetriebenen U-Boote mussten also auf Batteriebetrieb umstellen, wenn sie einige Zeit unter Wasser waren. Man musste eine bessere Energieversorgung finden. Aber wie?

WAS PASSIERTE?

- 1945 begannen Forscher mit dem Bau der Atombombe.
- Aber die Atomkraft sollte auch für friedliche Zwecke eingesetzt werden: Die Forscher versuchten, sie als Energiequelle zu nutzen.
- Außerdem versuchte man, Fahrzeuge mit Atomantrieb zu bauen. Aber da Atomkraft gefährlich ist, blieb man lieber bei Benzin- und Dieselmotoren.
- Dann aber hatten Konstrukteure die Idee, Schiffe mit Atomantrieb zu entwerfen. Da man für diesen Antrieb keine Luft braucht, waren das gute Nachrichten für U-Boot-Bauer.

Die »USS Nautilus« war das erste Atom-U-Boot. Es lief 1954 vom Stapel.

Kernspaltung

Ein Atom-U-Boot wird von einem Kernreaktor betrieben. Ein Kernreaktor ist eine Maschine, in der ständig die so genannte Kernspaltung abläuft. Kernspaltung bedeutet, dass sich ein Atomkern in zwei Teile spaltet. Bei diesem Prozess entsteht Wärme. Mit dieser Wärme wird Wasser erhitzt, um Dampf zu erzeugen.

Wie bei einer Dampflok werden dann die Schraubenwellen des Bootes durch diesen Dampf in Bewegung gesetzt. Aber der Dampf betreibt nicht nur die Schrauben, sondern versorgt das Boot auch allgemein mit Elektrizität. Der Kernreaktor braucht außerdem keine Luft. Daher ist er so gut für einen U-Boot-Antrieb geeignet.

Kernenergie

Ein Kernreaktor erzeugt mit Uran und Wasser unter Hochdruck Energie, die wir dann als Strom nutzen können.

Ein Kernreaktor arbeitet mit Kernspaltung: Im Reaktor befindet sich Uran, ein Metall mit einer besonderen Eigenschaft: Es besteht aus Atomen, die ständig in mehrere Teile zerfallen, darunter auch sehr kleine, die so genannten Neutronen. Wenn ein Neutron wiederum ein Uranatom trifft, wird dieses ebenfalls gespalten. Diese Kettenreaktion setzt sich immer weiter fort und erzeugt starke Wärme. Das umgebende Wasser wird stark erhitzt und verdampft. Der Dampf treibt eine Turbine an, wird dann im Kondensator gekühlt und wieder dem Verdampfer zugeführt.

Rekordbrecher

Auf seiner ersten Fahrt bewies das Atom-U-Boot »USS Nautilus«, dass Kernenergie die effektivste Antriebsquelle für ein U-Boot ist. Die »Nautilus« brach jeden Geschwindigkeits- und Dauerrekord, der vorher unter Wasser aufgestellt worden war. 1958 fuhr sie als erstes U-Boot unter dem Nordpol hindurch.

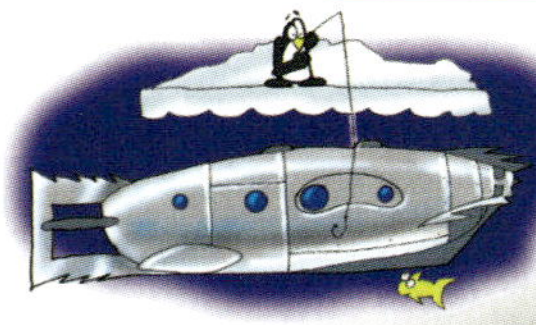

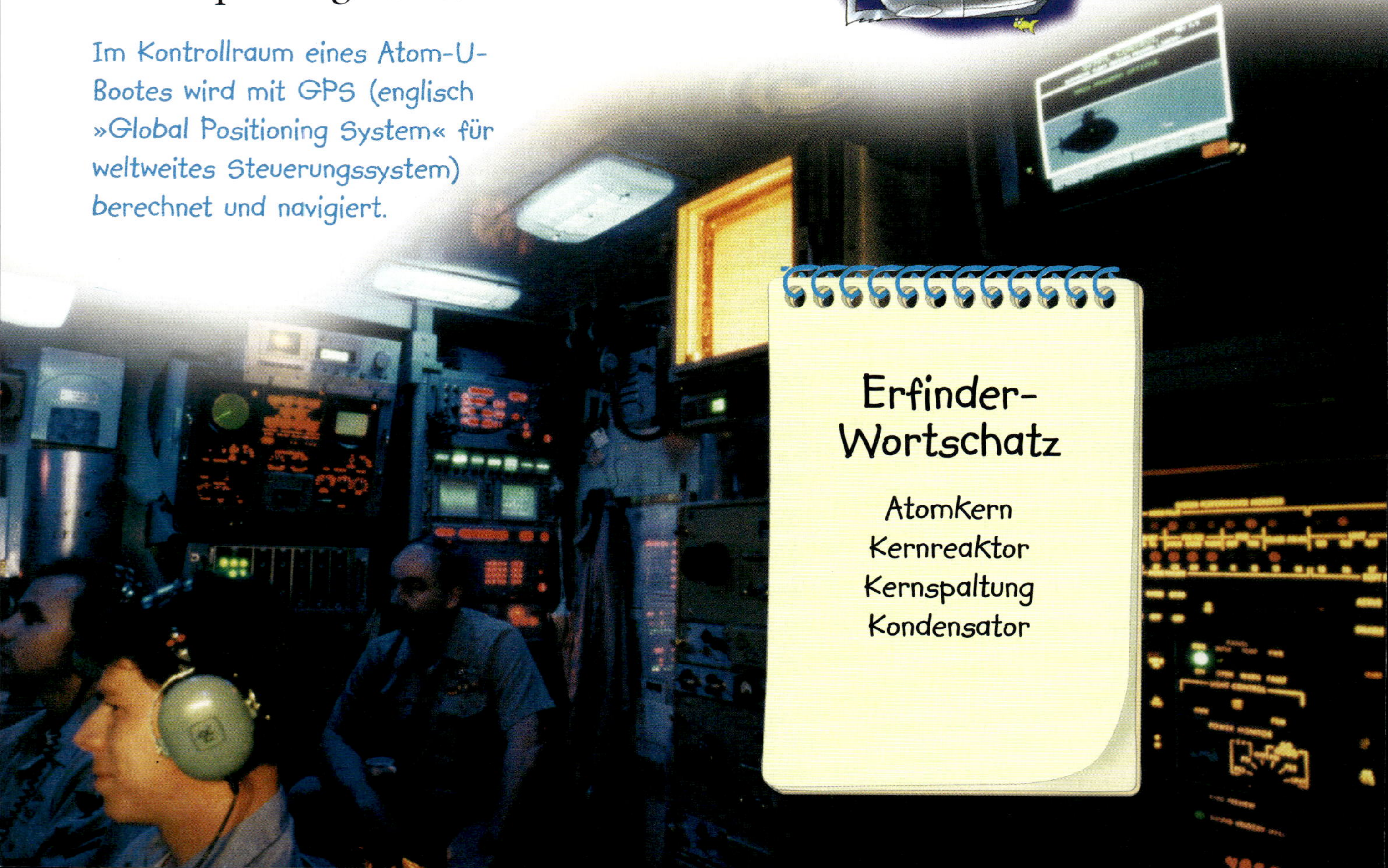

Im Kontrollraum eines Atom-U-Bootes wird mit GPS (englisch »Global Positioning System« für weltweites Steuerungssystem) berechnet und navigiert.

Erfinder-Wortschatz

Atomkern
Kernreaktor
Kernspaltung
Kondensator

Marke Eigenbau: U-Boot

Ihr benötigt:

- eine große Kunststoffflasche
- einen großen und einen kleinen Jogurtbecher
- dicke Pappe
- dünne Pappe
- Schere • Kleber
- einen schwarzen Filzstift
- einen Holzspieß
- knickbare Strohhalme
- Acrylfarbe und Pinsel

1 Halbiert die Flasche wie auf dem Bild, ebenso den großen Jogurtbecher. Klebt ihn über das Flaschenunterteil. Dann schneidet ein großes Fenster in die kleinere Flaschenhälfte.

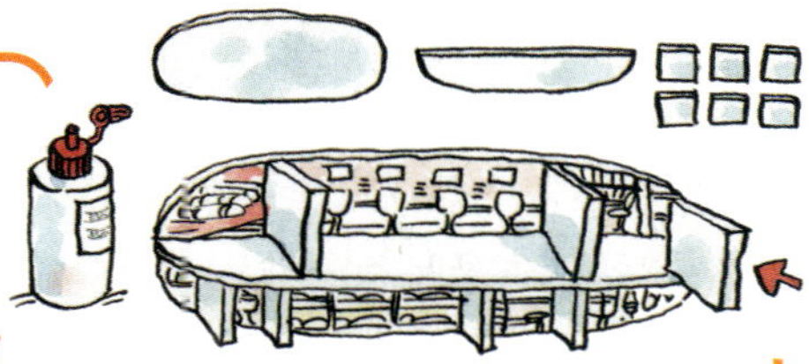

2 Schneidet ein Pappstück aus, das so lang ist wie die Flasche. Klebt es in die größere Flaschenhälfte. Mit kleinen Pappstücken unterteilt ihr die Kabinen.

3 Richtet die Kabinen ein: Malt eine Brücke, Schlafräume und Motoren.

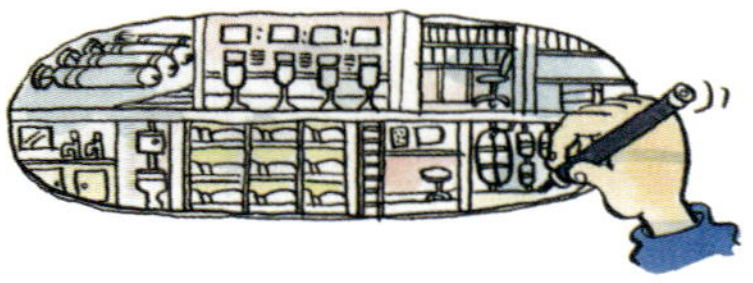

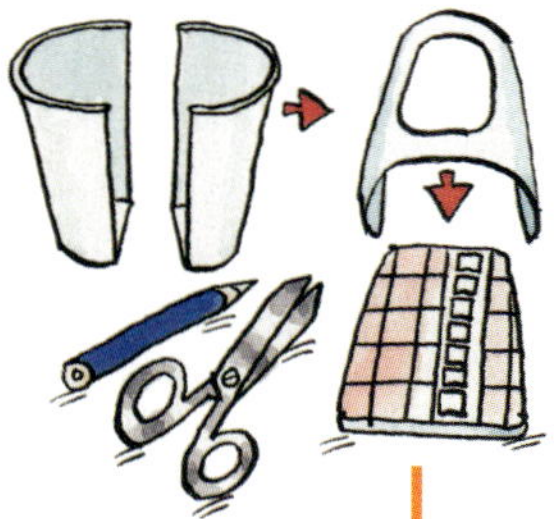

4 Für den Kommandoturm halbiert ihr den kleinen Jogurtbecher. In eine Hälfte schneidet ihr ein großes Fenster. Bemalt ein passendes Stück Pappe und klebt es zwischen die Becherhälften.

5 Bemalt die Flaschenhälfte mit Fenstern und klebt sie auf die eingerichtete Flaschenhälfte. Aus Pappstücken und dem Holzspieß baut ihr eine Schiffsschraube, knickbare Strohhalme dienen als Periskop.

Malt einen Meereshintergrund für euer U-Boot!

Wie kann man Wracks erforschen?

Unterwasserfahrzeuge wurden für viele verschiedene Aufgaben eingesetzt. Man erforschte die Wasserwelt, kartierte den Boden, reparierte und wartete Rohre, Bohrinseln und vieles mehr. Preiswerter und sicherer wäre es, wenn die Fahrzeuge unbemannt fahren könnten. Aber wie sollte das funktionieren?

Mit U-Booten beobachteten Forscher das Leben der Meerestiere. Andere Fahrzeuge wurden genutzt, um Bohrinseln zu reparieren.

Aber manche wollten Wracks von Schiffen erforschen, die vor langer Zeit gesunken waren, durch einen Unfall oder im Krieg.

Vor Erfindung der U-Boote hätte niemand geglaubt, dass man einmal Schiffe wie die »Titanic« finden könnte. Die Bergung solcher großen Schiffe war schwierig. Dafür musste ein U-Boot sehr lange unter Wasser bleiben.

WAS PASSIERTE?

- Es kann Jahre dauern, bis man ein Schiffswrack geborgen hat. In dieser Zeit muss ein U-Boot sehr häufig auftauchen.
- Man brauchte ein sehr kleines, wendiges U-Boot, das auch in stark bewegtem Wasser fahren konnte.

- Aber in ein so kleines U-Boot passt kein Mensch hinein. Und ein Mensch will auch nicht ewig unter Wasser bleiben.
- Wie sollte man ein so kompliziertes Fahrzeug aus der Entfernung steuern? Ingenieure bastelten an einem Gerät, das mit Kabeln oder Tauen an einem Mutterschiff befestigt war.

Mit Forschungs-U-Booten suchen Forscher nach Schiffswracks.

Echolotsignale

Das ATV ist ein spezieller Tauchroboter. Er wird von einem Kontrollraum auf dem Mutterschiff aus gesteuert. Er wiegt fast 7 Tonnen und kann über 6000 Meter tief tauchen. Das ATV ist über Kabel mit dem Schiff verbunden, die von einer Trommel abgerollt werden.

Das ATV wird mit Fernbedienungen gelenkt, die einem Joystick ähnlich sind. Mit diesen Fernbedienungen kontrolliert man Luftdüsen, mit denen man den Roboter sowie die Kameras, die am ATV befestigt sind, in alle möglichen Richtungen lenken kann.

ATVs

1998 suchte der Tiefseeforscher Robert D. Ballard im Pazifik nach dem Wrack der »Yorktown«, einem amerikanischen Flugzeugträger aus dem Zweiten Weltkrieg. Er benutzte dafür einen Tauchroboter.

Als das Mutterschiff die richtige Position erreicht hatte, wurde der Roboter hinuntergelassen. Er tauchte 1525 m tief. Plötzlich riss das Kabel. Nach 24 Stunden Reparatur war das Gerät wieder einsatzbereit. Diesmal ging es 4755 m tief. Doch der Wasserdruck zerdrückte zwei Messanzeigen; Kameras und Computer wurden beschädigt. Wieder musste alles repariert werden. Aber endlich landete das ATV auf dem Meeresboden, in 5030 m Tiefe. Das Echolot setzte ein, und ein Schiffsdeck erschien auf dem Monitor. Als sich das ATV mit Kameras und Lampen dem Wrack näherte, sah Ballard die ersten, perfekten Bilder der »Yorktown«.

Riesenwracks

Robert D. Ballard machte auch das Wrack der »Titanic« ausfindig. Mit den Bildern des Tauchroboters bewies er, dass nicht der gesamte Schiffsrumpf von einem Eisberg aufgerissen worden war. Das hatte man bis dahin vermutet. Aber das Metall, aus dem das Schiff gebaut war, war in der Kälte spröde geworden. Als das Schiff den Eisberg rammte, sprang der Rumpf an mehreren Stellen auf. Das brachte den Dampfer zum Sinken.

Der Blick aus Ballards Tauchroboter bei der Arbeit am Wrack der »Yorktown« 1998

Erfinder-Wortschatz

ATV
Echolot
Tauchroboter

Marke Eigenbau: Titanic

Ihr benötigt:

- dicke schwarze Pappe
- farbige und weiße Pappe
- eine Küchenpapierrolle
- Zahnstocher
- dünne Kordel
- buntes Papier
- Kleber • Bleistift
- einen schwarzen Filzstift
- Wasserfarbe und Pinsel

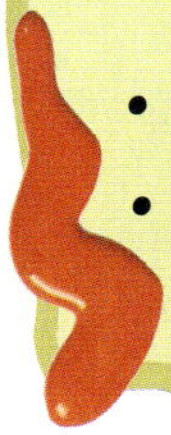

1 Schneidet zwei lange Streifen schwarze Pappe aus. Klebt sie an den Enden zusammen. Jetzt schneidet ihr zwei kurze, ebenso breite Stücke aus und klebt sie quer zwischen die Streifen.

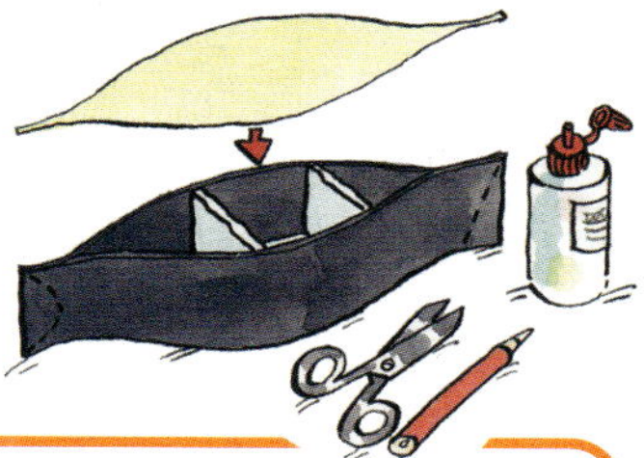

2 Nehmt diese Form als Schablone und zeichnet den Umriss auf die bunte Pappe. Schneidet das Stück aus und klebt es in die schwarze Schablone. Schneidet die Kanten glatt.

3 Zeichnet den Oberbau des Schiffes auf weiße Pappe. Schneidet ihn aus und lasst dabei unten eine Lasche, damit ihr ihn an den Schiffsrumpf kleben könnt. Malt mit Filzstift die Fenster auf.

4 Schneidet die Papprolle in vier Teile und klebt diese als Schornsteine auf. Bemalt die Schornsteine und den Überbau, bevor ihr sie an den Rumpf klebt.

5 Verziert das Schiff mit Zahnstochern als Masten, Papierfähnchen usw.

Malt einen Meereshintergrund für eure Titanic!

Können Menschen im Meer leben?

Wissenschaftler haben viele Wege gefunden, sich unter Wasser aufzuhalten. Man kann in einem Taucheranzug mit Sauerstoffflasche oder in einem U-Boot untertauchen. Aber das Tiefseetauchen kann vor allem beim Auftauchen gefährlich werden. In der Regel müssen die Taucher erst langsam ihren Druck mindern – eine so genannte Dekompression.

Dekompression bedeutet, dass man ganz langsam auftaucht, um der Taucherkrankheit zu entgehen, denn diese kann tödlich enden.

Manchmal benutzt man dafür Dekompressionskammern. Dort wird der Druck stufenweise gesenkt, und die Taucher können sich langsam umgewöhnen.

Aber trotzdem kann kein Mensch lange Zeit in sehr tiefem Wasser bleiben. Wenn Taucher es länger unter Wasser aushalten könnten, wäre die Erforschung des Meeres viel einfacher.

WAS PASSIERTE?

- Durch die Erfindung der Tauchkugel und anderer Geräte konnten die Menschen viel länger unter Wasser bleiben. Aber auch Fahrzeuge müssen nach einer Weile wieder auftauchen.
- Das Hinunterlassen und Hinaufziehen war mit Gefahren verbunden.
- Jacques Cousteaus »Aqualunge« hatte den Tauchern schon viel Freiheit gegeben. Jetzt wollte Cousteau versuchen, die Tauchzeit noch einmal deutlich zu verlängern.

- Dafür brauchte man eine Unterwasserstation. Wie konnte man dem Wasserdruck standhalten?

In dieser Unterwasserstation arbeiten Forscher unter Wasser.

Ein langer Aufenthalt

Normalerweise besteht eine Unterwasserstation aus Gebäuden auf dem Meeresboden. Forscher haben diese Stationen getestet und sind bis in eine Tiefe von 180 m vorgedrungen. In den Unterwasserstationen gibt es Tanks, die mit Atemluft gefüllt sind.

Man kann also innerhalb der Station ganz normal atmen. Die Druckverhältnisse sind die gleichen wie an Land. Daher benötigen die Bewohner auch keine Dekompression. In einer Unterwasserstation können Forscher also mehrere Wochen wohnen und arbeiten.

Dekompression

Wenn Arbeiten in sehr großer Tiefe ausgeführt werden müssen, gehen die Taucher vorher in eine Druckkammer, in der der Druck ganz langsam erhöht wird – so lange, bis der Druck genau so groß ist, wie in der Tiefe, in der die Taucher später arbeiten werden. Wenn der Taucher später wieder aus dem Wasser auftaucht, wird der Druck langsam wieder gesenkt.

Den Druck, den die Luft auf uns ausübt, spüren wir normalerweise nicht. Auch das Wasser übt Druck auf uns aus. Wenn wir tauchen, erhöht sich mit der Tiefe auch der Druck. Deshalb wird die Atemluft des Tauchers zusammengepresst, um einen Gegendruck zu bilden.
Wenn der Taucher zu schnell an die Wasseroberfläche steigt, können sich gefährliche Stickstoffbläschen in seinem Blut bilden (Taucherkrankheit).

Riskante Arbeit

Bohrinseln müssen ständig repariert und gewartet werden. Das wird oft von Tauchrobotern erledigt. Aber manche Arbeiten können diese Roboter nicht ausführen. Dann muss ein Taucher diese Arbeit übernehmen. Eine Bohrinsel zu reparieren ist eine riskante Aufgabe. Die Taucher müssen sehr konzentriert und erfahren sein, denn die Meeresströmung ist oft unberechenbar.

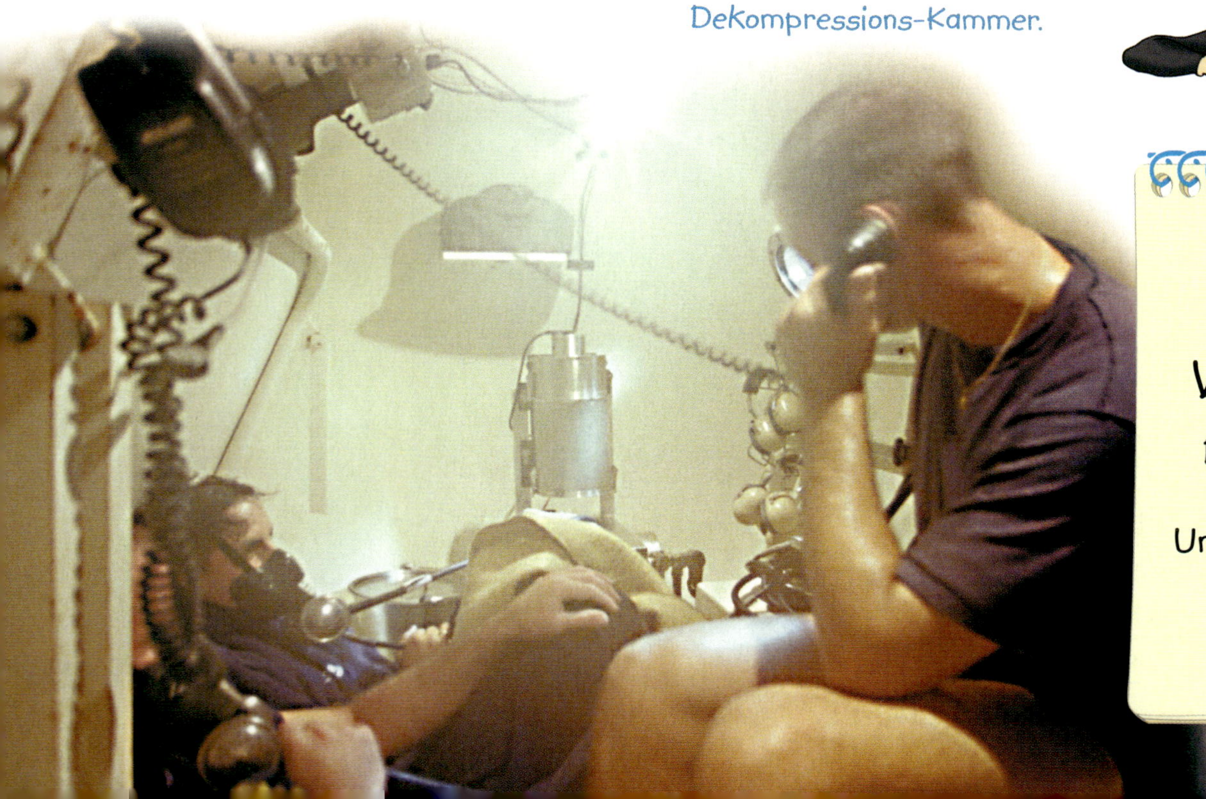

Taucher in der Dekompressions-Kammer.

Erfinder-Wortschatz

Dekompression
Druckkammer
Unterwasserstation

Marke Eigenbau: Unterwasserpalast

Ihr benötigt:

- 2 Styroporbecher und 1 Styroportasse
- 2 Kunststoffflaschen
- eine Plastik-Salatschale
- dicke Pappe • Bleistift
- doppelseitiges Klebeband
- einen Plastikdeckel
- Flaschenverschlüsse
- knickbare Trinkhalme
- kleine Kieselsteine
- Glitzerkleber

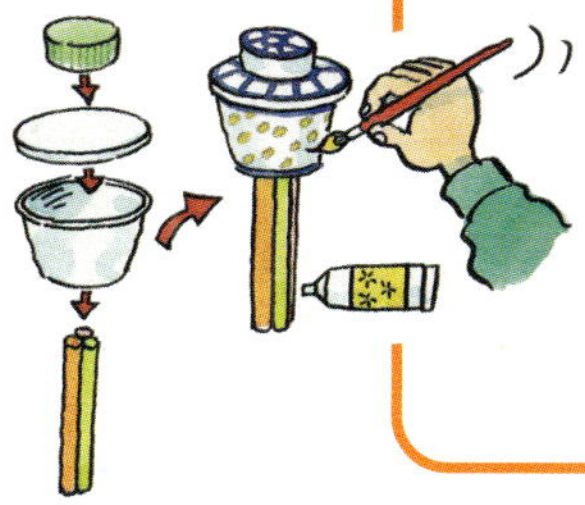

1 Für einen Turm halbiert ihr einen Styroporbecher. Klebt eine Pappscheibe auf die Öffnung, darauf einen Flaschenverschluss. Leimt den Becher auf drei zusammengeklebte Strohhalme. Malt Fenster auf und verziert alles mit Glitzerkleber. Stellt so zwei Türme her.

2 Auf dieselbe Weise baut ihr das Hauptgebäude. Verwendet dafür die Styroportasse. Die Strohhalmbeine könnt ihr auch abknicken.

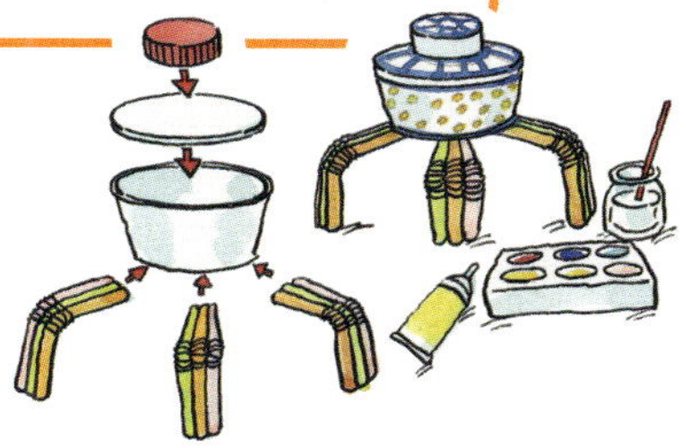

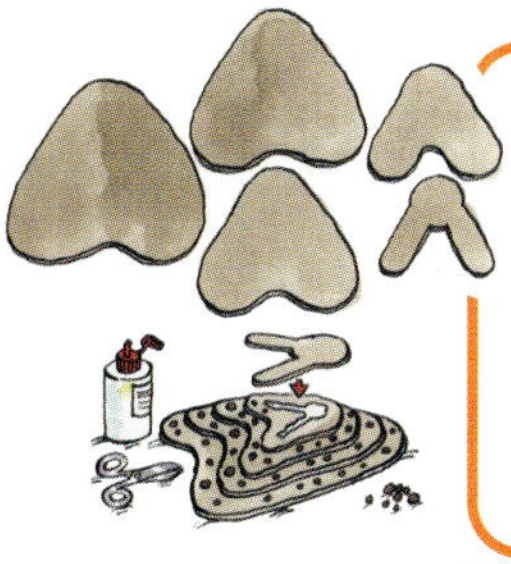

3 Baut die Plattform: Schneidet ein großes Stück Pappe für euren Palast aus. Jetzt schneidet ihr die gleiche Form mehrfach aus, jede Form ein wenig größer als die letzte. Klebt alle aufeinander, bemalt und verziert sie mit Kieseln.

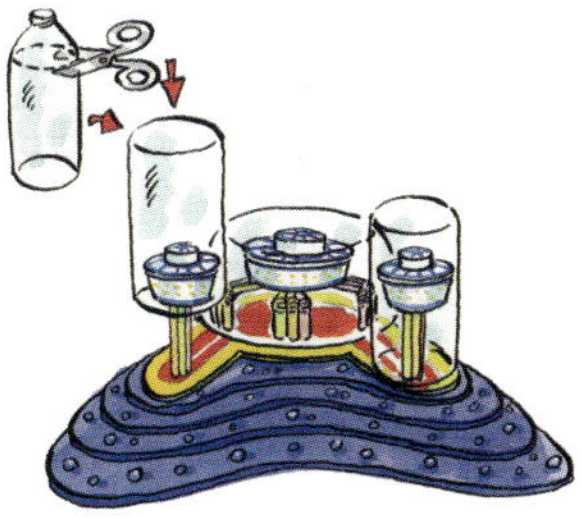

4 Halbiert zwei Kunststoffflaschen und stülpt sie über die Türme. Die Salatschale stülpt ihr über das Hauptgebäude. Klebt alles fest.

5 Schneidet die dritte Flasche der Länge nach auf und setzt schmale Halbrunde als Verbindungsgänge zwischen die Gebäude.

4. KAPITEL

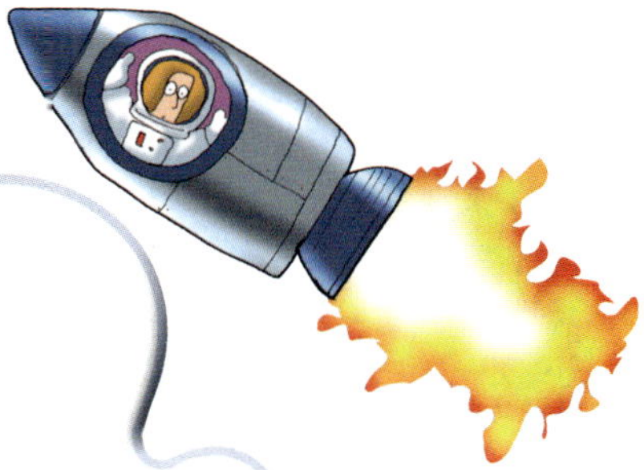

Das Weltall

Inhalt

Kann ein Satellit um die Erde kreisen?

Seit Jahrtausenden beobachten Astronomen die Planeten und ihre Bahn um die Sonne. Sie fanden schon vor langer Zeit heraus, dass der Mond um die Sonne kreist. Künstliche Flugkörper, so genannte Satelliten, die um die Erde kreisen, könnten Informationen an uns senden. Ist so ein Satellit möglich?

Wenn man einen Satelliten ins All schickt, wie bringt man ihn dann dazu, in der Erdumlaufbahn zu bleiben? Und wie schafft man ihn überhaupt da hinauf?

Eine Rakete ist die einzige Möglichkeit für einen Satellitentransport. Aber sie muss auch stark genug sein, um den Satelliten zu tragen.

Russische Wissenschaftler arbeiten an einem Projekt namens »Sputnik«, was übersetzt »Reisender« bedeutet. Es geht um eine Art Sender, der Informationen aus dem Weltraum per Funksignal an die Erde senden kann.

WAS PASSIERTE?

- Russische Ingenieure bauten ein zweiteiliges Raumgefährt, das so schnell war, dass es mitsamt einer Ladung in den Weltraum fliegen konnte.
- Forscher fanden heraus, dass ein künstlicher Flugkörper in der Umlaufbahn bleibt, wenn das richtige Gleichgewicht zwischen seiner Geschwindigkeit und der Erdanziehungskraft besteht.

- Auf der Erde wurde eine Station eingerichtet, die das Funksignal des Senders empfangen konnte.
- Der Sender wurde in einer Metallkugel untergebracht, die in das Raumgefährt eingebaut wurde, das sie in die Erdumlaufbahn befördern sollte.
- All das geschah unter strenger Geheimhaltung.

Der russische Satellit »Sputnik« war das erste künstlich hergestellte Objekt im Weltraum.

Daten sammeln

Ein künstlicher Satellit ist ein Flugkörper, der in die Umlaufbahn (auch Orbit genannt) der Erde oder eines anderen Planeten eintritt. »Sputnik 1« war der erste künstliche Satellit. Am 4. Oktober 1957 gelangte er in die Erdumlaufbahn. Seitdem wurden Tausende weiterer Satelliten ins All geschickt, u. a. »Telstar« (1962, USA), der zum ersten Mal Live-Fernsehbilder über den Atlantik sendete. Satelliten können zu vielen Zwecken eingesetzt werden, etwa zu astronomischen Beobachtungen, zur Verständigung, zur Wettervorhersage oder für militärische Erkundungen. Die meisten Satelliten sind unbemannt, aber einige, wie etwa die russische Wostock-Mission hatten auch einen Astronauten an Bord.

Im Orbit

Der Orbit ist die Umlaufbahn eines Himmelskörpers, also der Weg eines Körpers im Weltraum um den anderen. Künstliche Satelliten umkreisen Planeten ebenso wie natürliche (etwa Monde) es tun.

Man kann den Orbit in drei Haupttypen unterteilen: In einer geosynchronen Umlaufbahn bleibt ein Satellit immer an derselben Stelle über der Erde und bewegt sich in 35.900 km Höhe genau so schnell mit der Erde, wie sie sich um die eigene Achse dreht. Eine polare Umlaufbahn verläuft über den Süd- und Nordpol, überquert aber den Äquator immer zur selben Tageszeit. Auf ihr lassen sich Daten von der Erde sammeln. Als erdnahen Orbit bezeichnet man Umlaufbahnen in etwa 300 km Höhe. Bemannte Raumflüge und Raumstationen bewegen sich auf so einer Umlaufbahn.

Weltraummüll

Was passiert, wenn ein Satellit seine Aufgabe erfüllt hat? Könnte der Weltraum eines Tages überfüllt sein mit überholtem, nutzlos gewordenem Satellitenmüll? Tatsächlich werden die meisten Satelliten bloß langsamer, geraten von ihrer Umlaufbahn ab und werden wieder in Richtung Erde angezogen, wo sie dann in der Atmosphäre verglühen.

Ein Satellit in geosynchroner Umlaufbahn kann z. B. Telefonanrufe weiterleiten.

Erfinder-Wortschatz

Achse
Astronaut
erdnaher Orbit
geosynchroner Orbit
Kosmonaut
Künstlicher Satellit
Orbit
polarer Orbit

Marke Eigenbau: Planet

Ihr benötigt:

- einen runden Luftballon
- eine Zeitung
- Tapetenleim
- dicke Pappe
- Garn • Zahnstocher
- Schere und Cutter
- Wasserfarbe und Pinsel
- Glitzerkleber
- Dekosternchen
- Draht • Schere
- Knete

1 Blast den Luftballon auf. Taucht Zeitungsstreifen in eine Mischung aus Tapetenleim und Wasser und bedeckt den Ballon damit. Lasst ihn dann trocknen.

2 Bindet ein Stück Garn um einen Zahnstocher. Stecht den Ballon oben ein und führt den Zahnstocher hindurch. Zieht den Faden wieder oben an, bis der Zahnstocher innen feststeckt.

3 Schneidet ein sternförmiges Loch und klebt die ausgeschnittenen Kanten um, sodass sich ein Krater bildet. Bemalt den Planeten mit Tusche und Glitzerkleber. Streut die Sterne darüber, solange er nass ist.

4 Schneidet einen Ring aus dicker Pappe aus, der um den Planeten passt, und verziert ihn mit bunten Glitzerringen.

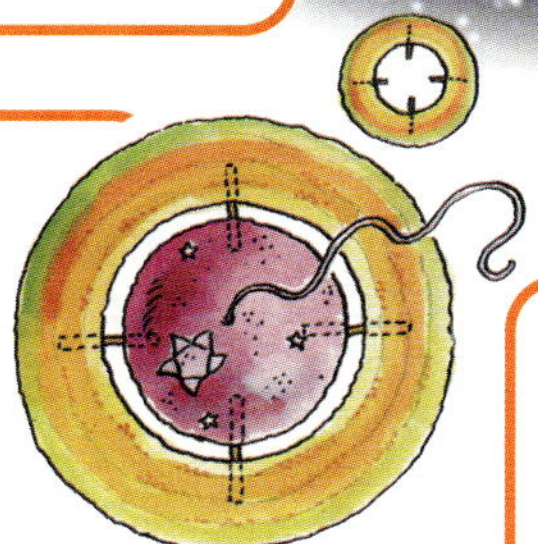

5 Stecht 4 Zahnstocher durch die Innenkante des Papprings und legt ihn um den Planeten. Dann zeichnet die Stelle der Zahnstocher auf dem Planeten an, stecht dort Löcher hinein und befestigt den Ring mithilfe der Zahnstocher am Planeten.

6 Formt einen Außerirdischen aus Knete und setzt ihn in den Krater.

Hängt euren Planeten auf, dann dreht er sich um die eigene Achse.

Wie kann ein Mensch ins All fliegen?

Eine Rakete in die Atmosphäre und dann in den Weltraum zu befördern, ist eine ganz erstaunliche Sache. Aber das war erst der Anfang! Nun wollten die Forscher auch einen Menschen in den Weltraum schicken. Dafür brauchte man aber enorm viel Triebkraft. Eine einzelne Rakete konnte das nicht leisten.

Robert Goddard baute 1926 die erste flüssigkeitsgetriebene Rakete. Sie flog nicht sehr weit. Aber die Idee eröffnete neue Möglichkeiten.

In der damaligen Sowjetunion, Deutschland und Amerika wurde weiter geforscht. Die deutschen V2-Raketen funktionierten gut.

Nach dem Zweiten Weltkrieg holten die Amerikaner deutsche Forscher in die USA. Aber die Raketen waren für Weltraumflüge noch nicht stark genug. Sie waren zu langsam und zu schwer, weil sie so viel Treibstoff mitnehmen mussten.

WAS PASSIERTE?

- Die amerikanische Marine arbeitete an einem Raketenprogramm und baute die »Aerobee«- und die »Viking«-Rakete.
- Für die Erkundung des Weltraums wurden aber immer noch viel stärkere Raketen gebraucht.
- 1903 hatte der russische Lehrer Konstantin Ziolkowski eine wichtige Idee. Er schlug vor, statt bisher einteiliger Raketen solche mit mehreren Teilen oder Stufen zu verwenden.
- Mit ihrer zweistufigen R-7-Rakete sandten sowjetische Wissenschaftler einen Satelliten in den Weltraum. War das nun die Zukunft der Raumforschung?

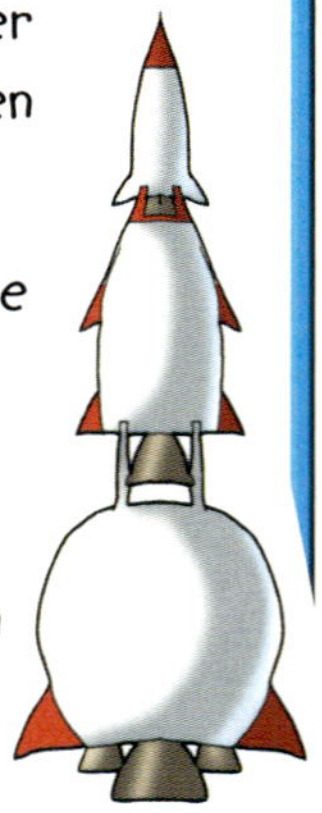

Die Rakete »Saturn« hebt zu ihrer letzten Mission ab; ihr Ziel ist die Raumstation »Skylab 4«.

Leicht und schnell

Eine mehrstufige Rakete besteht aus zwei oder mehr Teilen, die man Stufen nennt. Jede Stufe hat ihren eigenen Antrieb und Treibstoff. Eine mehrstufige Rakete wird im Flug leichter, indem sie jede Stufe abstößt, die ihren Treibstoff verbrannt hat. So kann sie schneller fliegen. Eine dreistufige Rakete kann also die dreifache Geschwindigkeit einer einfachen Rakete erlangen, ohne mehr Treibstoff zu verbrauchen. Wie das funktioniert? Die erste Stufe startet die Rakete. Wenn deren Treibstoff verbraucht ist, wird sie abgestoßen, und die zweite Stufe übernimmt. So geht es Stufe um Stufe weiter.

Raketenantrieb

Raketentreibstoff ist eine Mischung aus chemischen Stoffen, die in einer Brennkammer verbrannt werden. Durch die Verbrennung dehnt sich das entstehende Gas rasch aus und wird hinten aus der Rakete ausgestoßen. Die Rakete wird durch den Rückstoß vorwärts getrieben.

Warum verwendet man nicht einfach einen großen Benzinmotor oder ein Düsentriebwerk? Das liegt daran, dass die Verbrennung nicht ohne Sauerstoff stattfinden kann. Im Weltraum aber gibt es keine Luft, daher würden diese Motoren dort nicht funktionieren. Raketen nehmen ihren Sauerstoff in Form von so genannten Oxidationsmitteln mit. Diese werden in der Brennkammer mit dem Treibstoff vermischt. Triebwerke mit flüssigem Brennstoff haben Tanks mit flüssigem Sauerstoff dabei, der dann mit einem Brennstoff, wie etwa flüssigem Wasserstoff, vermischt wird.

Atomkraftraketen?

Manche glauben, ein Kernreaktor wäre ein besserer Raketenantrieb, da er viel mehr Energie als eine chemische Verbrennung erzeugen kann. Der Reaktor wäre aber radioaktiv und damit gefährlich. Er müsste so stark abgeschirmt werden, dass die Rakete damit zu schwer würde und nicht mehr abheben könnte.

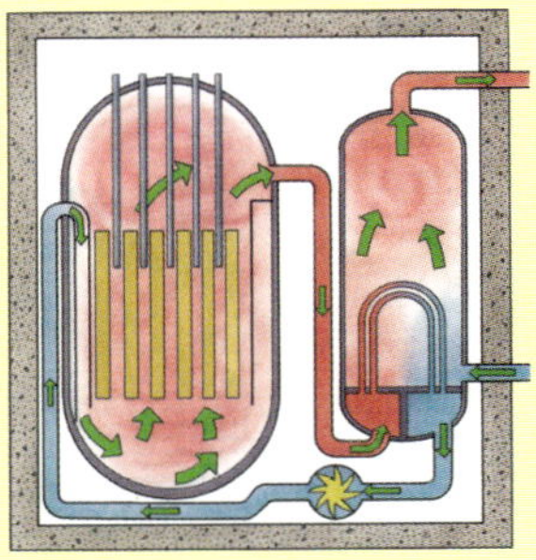

Bei einem Flüssigkeitstriebwerk werden die chemischen Stoffe in die Brennkammer befördert.

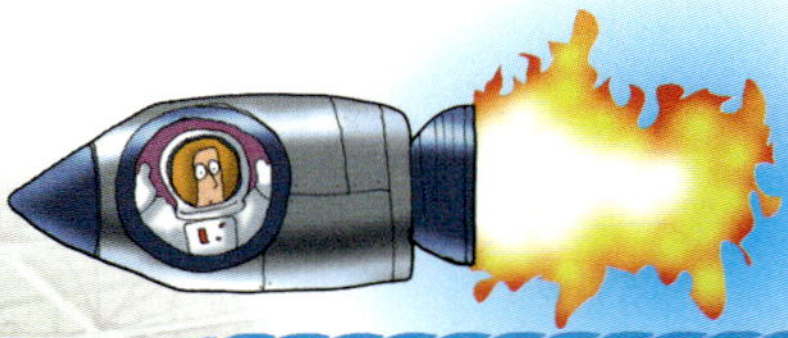

Erfinder-Wortschatz

Hilfsrakete
mehrstufige Rakete
Oxidationsmittel
Raketentreibstoff
Treibstoff
Verbrennung

Marke Eigenbau: dreistufige Rakete

Ihr benötigt:

- eine Holzleimdüse
- Flaschenverschlüsse aus Kunststoff
- Korken
- Kleber • Pappe
- Schere und Cutter
- 3 Papprollen: groß, mittel und klein
- doppelseitiges Klebeband
- Garn • Draht
- farbiges Isolierband
- Wasserfarbe und Pinsel

1 Klebt das Oberteil der Rakete aus der Düse einer Holzleimdose, Flaschenverschlüssen und einem Korken zusammen.

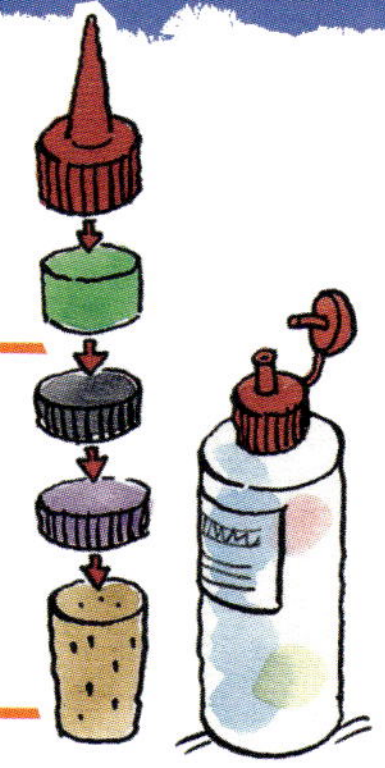

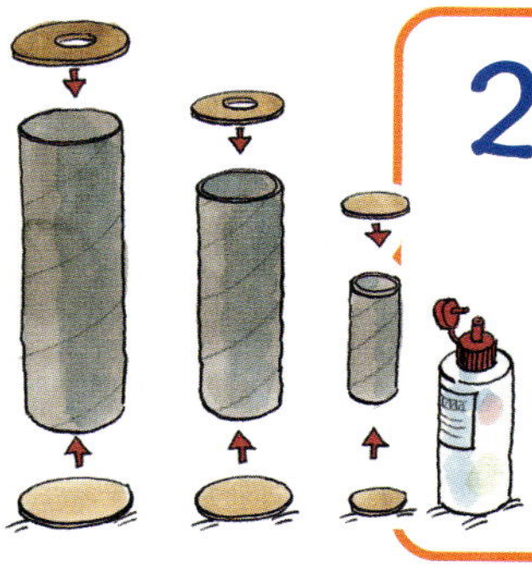

2 Schneidet sechs Pappscheiben in der richtigen Größe für die Enden eurer drei Papprollen aus. Schneidet korkengroße Löcher in die oberen Scheiben und klebt sie dann auf den Rollen fest.

3 Klebt Korken unter die kleine und die mittelgroße Papprolle. Schneidet dann aus Pappe Raketenflügel aus und klebt sie an den Rollen fest.

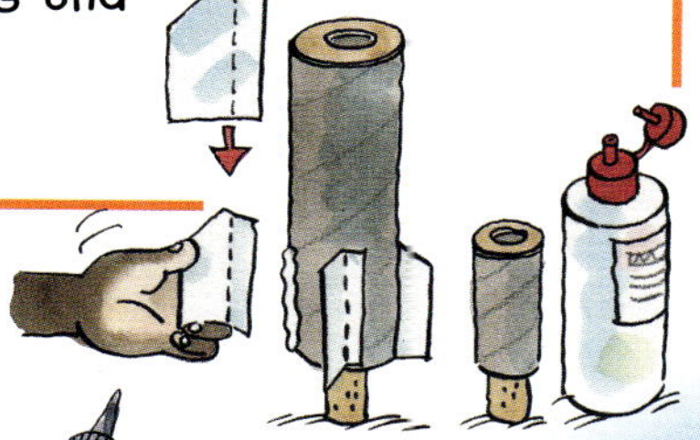

4 Klebt für das Raketentriebwerk zwei Flaschenverschlüsse aneinander, klebt einen Korken darauf und umwickelt das Ganze mit doppelseitigem Klebeband. Steckt fünf solcher Düsen ins Ende der größten Rolle.

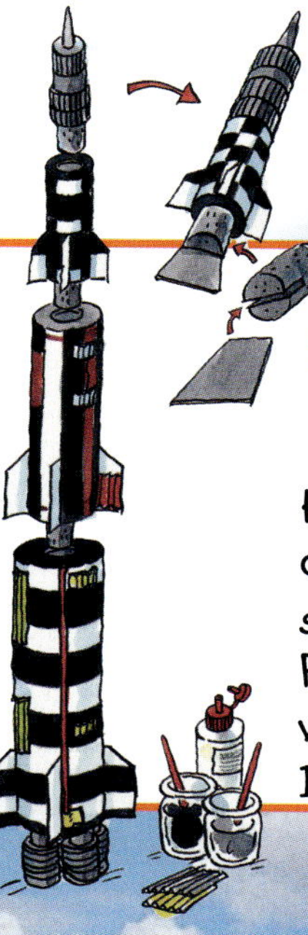

5 Setzt eure Rakete zusammen, indem ihr die Korken in das Loch der Stufe darunter steckt. Malt eure Rakete an und verziert sie mit Isolierband.

Nehmt eurer Rakete im »Flug« die unteren Stufen ab.

Wie kann man ins Weltall reisen?

Wissenschaftler träumen von der bemannten Raumfahrt, seit die ersten Raketen erfunden wurden. Aber wie kann man jemanden sicher an einen Ort bringen, an dem es keine Luft, keine Erdanziehungskraft und jede Menge gefährliche Flugkörper gibt? Und selbst der Mond liegt nicht eben nah.

Weil es keine Atmosphäre im Weltall gibt, gibt es auch keine Atemluft. Es ist dort entweder sehr, sehr kalt oder sehr, sehr heiß – je nachdem, ob man der Sonne zugewandt ist oder nicht.

Um ein Raumschiff tatsächlich von der Erde aus in den Weltraum zu befördern, ist eine ganz enorme Kraft nötig. Das können Menschen eventuell gar nicht überleben.

Zur Erde zurückzukehren, ist genauso gefährlich. Das Raumschiff würde sich beim Wiedereintritt in die Erdatmosphäre auf viele Tausend Grad erhitzen. Und die Landung müsste sehr sanft erfolgen.

WAS PASSIERTE?

- Das Cockpit eines Flugzeugs in einer Rakete könnte helfen. Aber eine einstufige Rakete wäre nicht stark genug.
- Man könnte eine dreistufige Rakete bauen und den Astronauten in der dritten Stufe unterbringen. Stark genug – aber für den Astronauten immer noch lebensgefährlich!
- Wenn man ein Cockpit an die Rakete bauen würde, würde es nach dem Abfeuern der Rakete vielleicht auch noch im Weltall heil bleiben – das wäre aber sehr unwahrscheinlich.

- Und wie wäre es mit einer eigenen Personenkapsel über der dritten Stufe mit einem Fallschirmsystem, das die Rakete bei ihrer Rückkehr abbremst?

Der russische Kosmonaut Juri Gagarin war der erste Mensch im Weltraum – an Bord der Raumkapsel »Wostok« am 12. April 1961.

Die Raumkapsel

Eine Raumkapsel ist eine kleine Luftdruck-Kabine am oberen Ende einer mehrstufigen Rakete. Die ersten Kapseln boten gerade genug Platz für einen Kosmonauten oder Astronauten, der auf einem Schleudersitz saß. Der Sitz sollte ihn aus der Kapsel befördern, wenn es beim Start ein Problem gab.

Die ersten Raumflüge um die Erde dauerten 15 Minuten bis zwei Stunden. Wenn die Kapsel wieder in die Erdatmosphäre eintrat, war der Astronaut durch einen Hitzeschutzschild geschützt. Auf einer bestimmten Höhe öffneten sich Fallschirme, die die Kapsel bremsten.

Das Weltall

Als Weltraum, Weltall oder Kosmos bezeichnet man alles, was außerhalb unseres Planeten Erde und seiner Atmosphäre liegt. Das ist ein unendlich weiter Raum mit Planeten, Sternen, Gaswolken und schwarzen Löchern.

Der Weltraum beginnt schon etwa 50 km über dem Boden der Erde, hat aber keine uns bekannten Grenzen. Er ist nicht leer, sondern beherbergt Luftpartikel, viele Staub-, Metall- oder Steinklumpen, die man Meteoriten nennt, und jede Menge Strahlung. Der Raum zwischen den Planeten wird als interplanetarer Raum bezeichnet. Die Planeten sind sehr, sehr weit von der Sonne entfernt, die Erde z. B. 150 Millionen km. Der interstellare Raum ist der Raum zwischen den Sternen. Die Entfernung zwischen den Sternen wird in Lichtjahren gemessen, also der Strecke, die das Licht in einem Jahr zurücklegt: etwa 9,5 Billionen km!

Die ersten Raketen

Im Jahr 1232 haben die Chinesen erstmals Raketen eingesetzt, als sie ihre »fliegenden Feuerpfeile« auf mongolische Angreifer abschossen. Bis Raketen regulär für Kriegszwecke gebaut wurden, dauerte es aber noch bis nach 1880. Die britische Armee erfand Raketen, die Sprengstoff transportierten. Daraus entwickelten sich dann die militärischen Raketen, die es heute gibt.

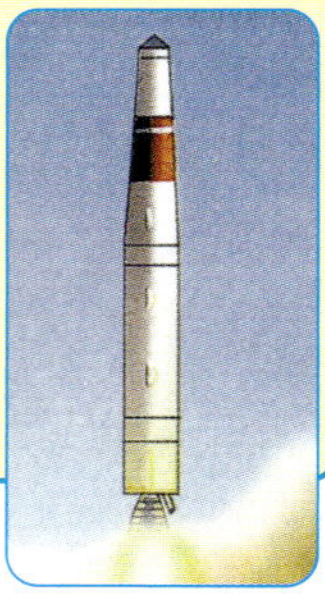

Auf dieser Aufnahme eines Weltraum-Teleskops sieht man, wie aus Gas und Staub ein neuer Stern »geboren« wird.

Erfinder-Wortschatz

Astronaut
interplanetarer Raum
interstellarer Raum
Kosmonaut • Kosmos
Lichtjahr
Raumkapsel
schwarzes Loch
Weltall • Weltraum

Marke Eigenbau: Mondlandefähre

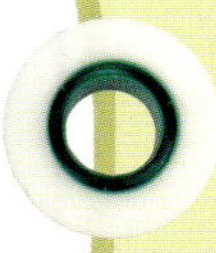

Ihr benötigt:

- Schere oder Cutter
- Flaschenverschlüsse
- Pappe • Papprollen
- Kunststoffflaschen
- einen Eierkarton
- doppelseitiges Klebeband
- kleine eckige Schachteln
- Zahnstocher • Kleber
- leere Alu-Teelichthüllen
- Acrylfarbe silber und Deckweiß
- Glitzerstifte
- Aufkleber • Pinsel

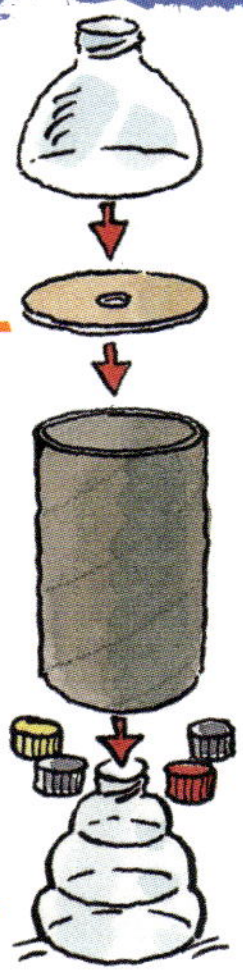

1 Klebt das abgeschnittene Oberteil einer Kunststoffflasche, eine passend ausgeschnittene Pappscheibe, eine Papprolle und ein zweites Flaschenoberteil wie abgebildet zusammen. Das ist die so genannte Aufstiegsstufe (Oberteil) eurer Landefähre. Verziert sie mit Flaschenverschlüssen.

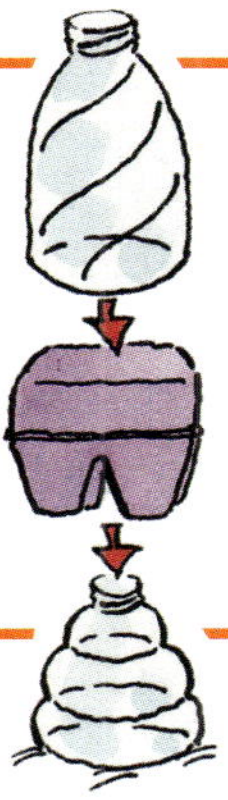

2 Klebt ein kleines Flaschenoberteil, einen Vierer-Eierkarton und ein großes Flaschenoberteil zusammen. Das ist die so genannte Abstiegsstufe (Unterteil zur Landung). Klebt an jede Seite eine kleine eckige Schachtel.

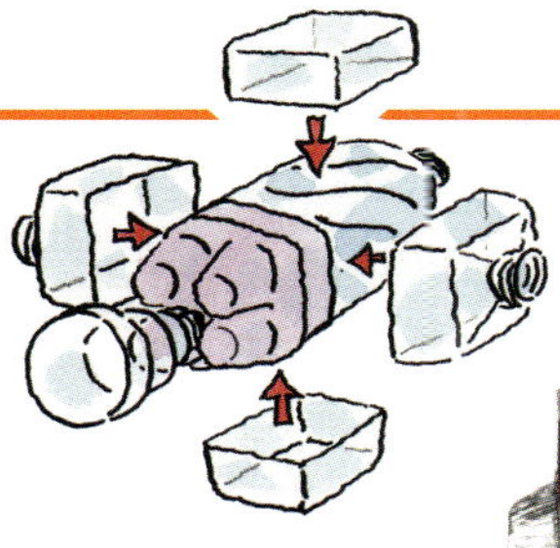

3 Steckt vier Zahnstocherbeine in den Eierkarton und klebt an den Rändern umgefaltete Teelichthüllen als Landefüße. Baut eine Pappleiter und klebt sie fest.

4 Klebt die Aufstiegsstufe auf die Abstiegsstufe.

5 Malt eure Mondlandefähre weiß und silberfarben an und verziert sie mit Glitzerstiften und Aufklebern.

Was trägt man im Weltraum?

Astronauten und Kosmonauten haben sich bei ihrer Kleidung wenig Gedanken um die neueste Mode gemacht. Die wichtigste Überlegung war der richtige Schutz vor Hitze und Kälte. Aber das waren nicht die einzigen Probleme.

Piloten von Düsenjetflugzeugen tragen Spezial-Kleidung, die sie auch in großer Höhe noch warm hält. Wenn der Sauerstoff knapp wird, hilft ihnen eine Maske beim Atmen.

Auch Astronauten brauchen spezielle Anzüge. Sie müssen noch viel besser geschützt werden.

Wer frei im Weltraum schwebt, muss sich großen Gefahren stellen: Es gibt dort keine Luft zum Atmen, die Temperaturen schwanken enorm zwischen eiskalt und kochend heiß, und man ist ständig gefährlicher Strahlung ausgesetzt.

WAS WURDE ENTWORFEN?

- Der Raumanzug musste luftdicht sein, aber auch biegsam genug, dass die Astronauten sich darin frei bewegen konnten.
- Für jedes Teil des Anzugs brauchte man besonders widerstandsfähiges Material.
- Der Anzug musste nicht nur wärmen, auch ein Kühlsystem musste in ihn eingearbeitet werden.

- Die Helme mussten eine gute Sicht gewährleisten. Aber sie mussten die Astronauten auch vor gefährlicher Strahlung schützen.
- Unverzichtbar war ein System zur Sauerstoffversorgung, und die ausgeatmete Luft und Feuchtigkeit mussten problemlos verschwinden.

Astronauten können per Funkgerät miteinander sprechen, wenn sie außerhalb des Raumschiffs arbeiten.

Angezogen

Ein Raumanzug ist die mehrteilige Spezialkleidung, die Astronauten im Weltraum tragen müssen. Die äußerste Schutzschicht schirmt den Astronauten vor Strahlung und gefährlichen Weltraumteilchen ab. Die innere Schicht enthält das Wärme- und Kühlsystem, das ihn vor extrem kalten und extrem heißen Temperaturen schützt. Mit ihm haben Astronauten außerhalb ihres Gefährts auch kleine Werkzeuge sicher im Griff. Ein Helm schützt sie vor Strahlungseintritt. Auf dem Rücken tragen sie ein Sauerstoffgerät und ein System, das die verbrauchte Atemluft abführt. In seinem Raumanzug kann ein Astronaut im Weltraum bis zu acht Stunden überleben.

Raumspaziergang

Der korrekte Begriff für einen Spaziergang im Weltraum ist das englische EVA für »extravehicular activity«, was so viel heißt wie Außenbordaktivität. Der erste Mensch, der sich frei im Raum bewegte, war der Kosmonaut Alexeij Leonow, der 1965 seine Raumkapsel »Woschod 2« kurz verließ. Weltraumspaziergänge dienen Reparaturen oder Forschungsmissionen.

Bevor sie die Raumkapsel verlassen, müssen Astronauten ihren Raumanzug anlegen. Über den inneren Anzug kommen das Ober- und Unterteil des Außenanzugs. Die beiden Hälften werden fest miteinander verschlossen. Zuletzt ziehen sie ihre schweren Stiefel an, ihre Handschuhe und den Helm sowie das Sauerstoffgerät.

Düsenrucksack

Der Düsenrucksack, den Astronauten auf dem Rücken tragen, macht sie auch im Weltraum frei beweglich. Angetrieben wird der Rucksack durch Stickstoff. Mit diesem Rucksack, der seit 1984 eingesetzt wird, können sich die Astronauten bis zu 90 m von ihrem Fahrzeug entfernen.

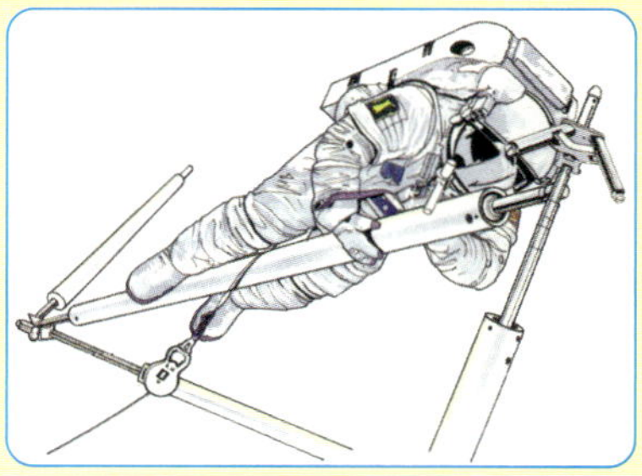

Ein Astronaut legt seinen Raumanzug an.

Erfinder-Wortschatz

Düsenrucksack
EVA
Raumanzug

Marke Eigenbau: Raumfahrerhelm

Ihr benötigt:

- Basteldraht
- doppelseitiges Klebeband
- Schere • Pappe
- Kleber • Drahtschneider
- Kreppklebeband
- Zeitungen • Tapetenleim
- schwarze, weiße und silberne Acrylfarbe
- Pinsel
- kleine Aluschalen
- Glitzerstift

1 Biegt aus dickem Basteldraht sechs Bögen wie abgebildet so zurecht, dass die Öffnung unten bequem über euren Kopf passt.

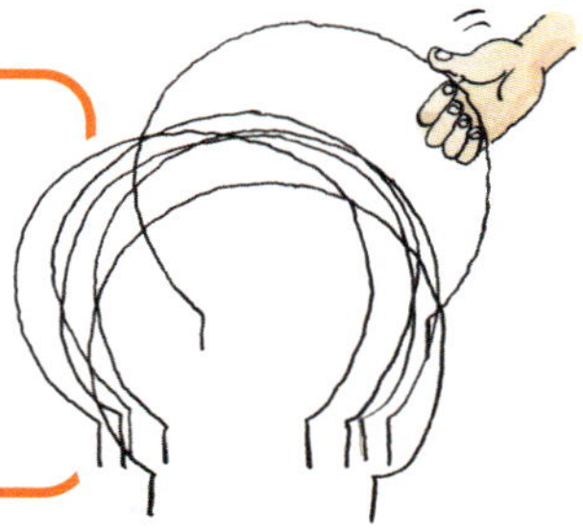

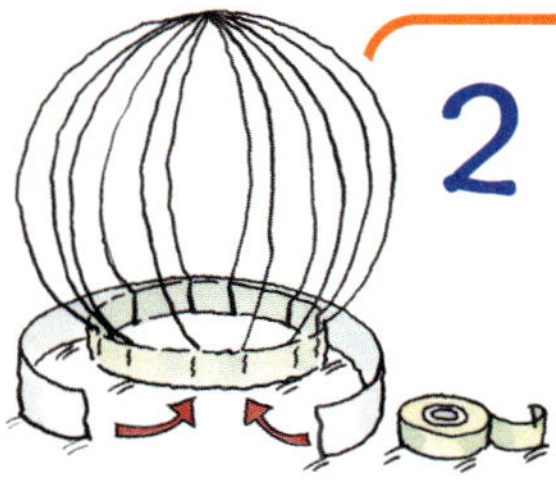

2 Klebt die unteren Enden mit doppelseitigem Klebeband zusammen. Schneidet einen Pappstreifen aus und klebt ihn als Halsschutz von außen dagegen.

3 Flechtet dünnen Basteldraht rundherum über die Drahtbögen, sodass ein fester Kugelrahmen entsteht. Klebt die Drahtverbindungen zusammen.

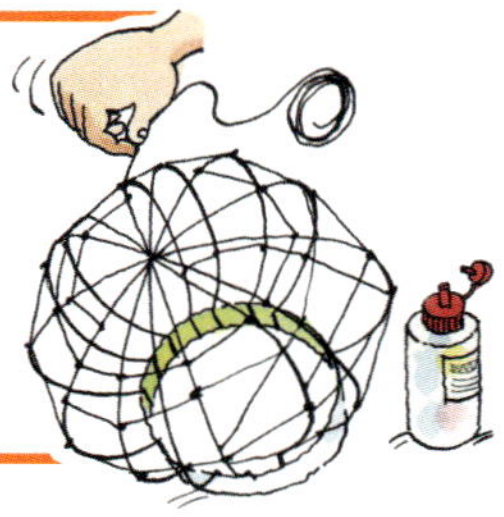

4 Schneidet mit dem Drahtschneider ein großes Loch in die Helmvorderseite. Beklebt den ganzen Helm dann mit Kreppklebeband und bedeckt ihn mit in Tapetenleim getauchten Zeitungsstreifen. Malt den Helm nach dem Trocknen schwarz an.

5 Klebt ein aus Pappe ausgeschnittenes Visier über das Loch und klebt Aluschalen als Kopfhörer an die Seiten. Malt euren Astronautenhelm weiß und silber an und zieht mit dem Glitzerstift goldene Linien.

Wie kommen wir auf dem Mond voran?

Als die »Apollo II« im Juli 1969 auf dem Mond landete, wollte man vor allem zeigen, dass Menschen bis auf die Oberfläche dieser ganz anderen Welt vordringen konnten. Es wurden nur zwei Versuche durchgeführt. Die Mission war ein Erfolg. Aber die Besatzung der späteren Flüge sollte weit reichender und genauer experimentieren.

Astronauten sehen bei ihren Sprüngen auf der Mondoberfläche lustig aus. Ohne die Erdanziehungskraft wiegen sie auf dem Mond viel weniger als auf der Erde.

Sie können viel höher in die Luft springen. Aber das ist auch anstrengend für sie, also führen Sie ihre Experimente möglichst in der Nähe der Raumkapsel durch.

Da die Forscher auf der Erde mehr Informationen über die Mondoberfläche brauchen, müssen die Astronauten auf dem Mond weite Strecken zurücklegen. Dafür brauchen sie ein Fahrzeug.

WAS PASSIERTE:

- Sie konnten kein normales Auto benutzen, weil Automotoren mit Benzin und Sauerstoff aus der Luft laufen – und auf dem Mond gibt es keine Luft.
- Auch ein Segelfahrzeug wäre nicht sinnvoll, da es ohne Luft auch keinen Wind gibt, der es antreiben könnte.
- Normale mit Luft aufgepumpte Reifen würden auf dem Mond platzen, weil dort kein Luftdruck herrscht.

- Außerdem müsste das Fahrzeug so leicht sein, dass man es von der Erde mitnehmen kann, und so klein, dass man es zusammenklappen kann.

Das Mondauto bot Platz für zwei Astronauten sowie ihre Ausrüstung und Instrumente. Die Astronauten konnten damit bis zu 92 km weit fahren.

Mond-Fahrspaß

Ein Mondauto oder LRV (Lunar Roving Vehicle) wurde gebaut, mit dem gewisse Fahrstrecken auf der Oberfläche des Mondes möglich werden sollten. Es wurde von kleinen Elektromotoren angetrieben. Auf dem Mond wog es nur 210 kg und konnte eine Gesamtlast von 490 kg (Erdmaß) transportieren.

Da man keine normalen Reifen mit Luft verwenden konnte, wurden die Räder aus extradickem Klavierdraht hergestellt. Alle drei Mondautos, die gebaut wurden, konnten eine Höchstgeschwindigkeit von 13 km/h erreichen und ließen sich zum Transport auf etwa 1,50 m zusammenfalten.

Der Mond

Der Mond ist der Satellit der Erde und außer ihr der einzige Körper im Weltraum, den die Menschen betreten haben.

Der Mond umkreist die Erde alle 27 Tage, 7 Stunden und 43 Minuten. Er dreht sich mit etwa derselben Geschwindigkeit um die eigene Achse, sodass am Nachthimmel immer dieselbe Seite des Mondes zu sehen ist. Erst als russische Raumfahrer den Mond umrundeten und die uns abgewandte Seite fotografierten, konnten wir sehen, wie die andere Seite aussieht. Es gibt unterschiedliche Theorien, wie der Mond entstanden ist. Nach der Aufpralltheorie wurde die Erde in ihrer Frühzeit von einem riesigen Himmelskörper getroffen. Aus dabei weggeschleudertem Material entstand der Mond. Andere glauben, dass der Mond aus Erdstaub entstanden ist, oder dass die Erde den fertigen Mond durch ihre Anziehungskraft »einfing«.

Mondglas

Mit dem Mondauto konnten Astronauten weite Strecken zurücklegen, um dort Gesteinsproben zu sammeln. Interessant ist, dass sie in einer orangefarbenen Bodenprobe nach näherer Analyse uralte farbige Glasteilchen fanden!

Die Mondoberfläche ist ganz mit Gestein bedeckt. Sie ist übersät mit Einschlaglöchern, Vulkankratern und Lavaströmen.

Erfinder-Wortschatz

Aufpralltheorie
LRV
Mond
Mondauto

Marke Eigenbau: Mondmobil

Ihr benötigt:

- Schere und Cutter
- 3 Toilettenpapierrollen
- Bleistift • Styropor
- Styroporkleber
- Holzspieße
- Pappe und Wellpappe
- kleine Pappschachteln
- Kunststoffdeckel
- Pfeifenreiniger
- Strohhalme
- Flaschenverschlüsse
- Alufolie • Kupferdraht
- Acrylfarbe und Pinsel

1 Halbiert die Toilettenpapierrollen und umklebt jede Hälfte mit passenden Wellpappestreifen. Das sind eure Räder.

2 Steckt in jedes Rad ein Stück Styropor und spießt je ein Rad auf je ein Ende von drei Holzspießen. Klebt die Räder auf den Achsen fest.

3 Bohrt drei gleich entfernte Löcher in einen dicken Streifen Pappe. Stecht die drei Achsen hindurch und klebt die restlichen drei Räder auf den Achsenenden fest.

4 Baut aus kleinen Pappschachteln und Kunststoffdeckeln das Oberteil.

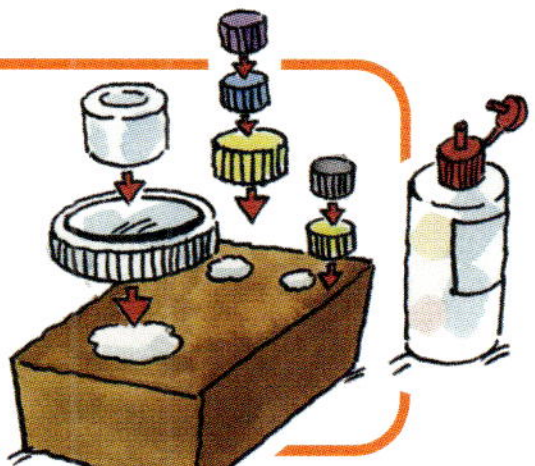

5 Steckt in 3 Strohhalme Pfeifenreiniger wie abgebildet zu Greifarmen. Einer bekommt einen Flaschenverschluss als Ansaugplatte. Klebt Alufolie auf die Platte. Umwickelt die Greifarme mit Kupferdraht.

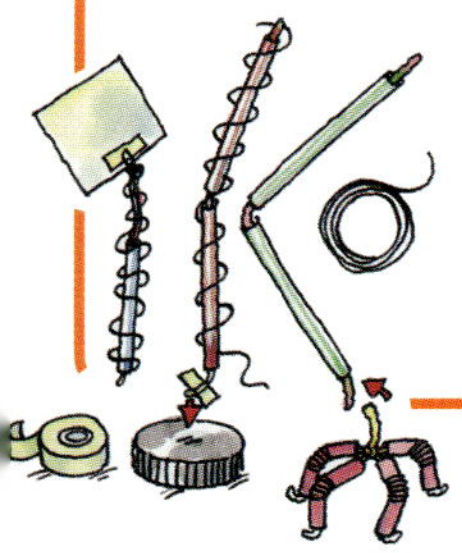

6 Bemalt euer Mondmobil mit Acrylfarbe.

Wie können wir den Weltraum erkunden?

Verglichen mit Fahrzeugen auf der Erde kommen bemannte Raumschiffe schon unheimlich schnell voran. Aber wenn man die enormen Entfernungen zwischen den Planeten bedenkt, sind sie immer noch viel zu langsam. Ein Raumschiff braucht vielleicht Jahre, um einen bestimmten Planeten zu erreichen, und ein ganzes Menschenleben, um zu den Sternen zu gelangen.

Bevor sich Raumfahrer in den Weltraum vorwagten, schickte man unbemannte Gefährte voraus, die erkunden sollten, welche Bedingungen außerhalb der Erdatmosphäre herrschten.

Die ersten Versuche fanden in den 1940er Jahren statt. Mit Raketensonden wurden Instrumente hinaufgeschickt, die Aufnahmen von der Erde machten.

Aber erst 1957 begann mit dem Start des russischen Satelliten »Sputnik« das wahre Zeitalter der Raumfahrt. Doch wie weit genau Menschen wohl den Weltraum erforschen könnten, wusste niemand.

WAS PASSIERTE?

- Forscher wollten herausfinden, wie der Raum zwischen Erde und Mond beschaffen war. Sie wollten den Mond auch gern aus der Nähe erforschen.
- In den 1950er und 60er Jahren erkundeten die Raumsonden der Sowjetunion (Lunik) und der USA (Explorer) den näheren Weltraum. Dann wurden russische Sonden zum Mond gesandt, um mehr über ihn zu erfahren.
- »Lunik 1« traf auf dem Mond auf, »Lunik 2« umrundete ihn sogar und machte zum ersten Mal Aufnahmen der erdabgewandten Mondseite.

- Andere Sonden kehrten mit Bodenproben vom Mond und anderen Informationen zurück, die eines Tages einen bemannten Mondflug möglich machen sollten.

Die berühmten »Mariner«-Sonden sandten uns die ersten Bilder vom Planeten Mars.

Den Weltraum sondieren

Raumsonden sind unbemannte Raumflugkörper, die die Aufgabe haben, mehr über unser Sonnensystem herauszufinden. Sie können sich im freien Raum, an Land oder auf Monden und Planeten bewegen und viele Instrumente zur Beobachtung und Messung transportieren.

Sie entnehmen Bodenproben, messen die Dichte der Atmosphäre oder fotografieren ihr Umfeld. Früher prallten Sonden einfach auf der Oberfläche auf, weil sie noch nicht bremsen konnten. Sie entnahmen dann einfach von ihrem Aufschlagsort Proben. Inzwischen können sie sehr weich landen.

Planeten-Power

Raumsonden gelangen durch verschiedene Antriebssysteme in den Weltraum. Mit einem Raketenantrieb werden sie oft in die Erdumlaufbahn oder zum Mond geschickt. Außerdem können die Sonden mit Solarenergie aus der Wärme der Sonne betrieben werden. Weit draußen im All wird manchmal auch Atomenergie für ihren Antrieb eingesetzt.

Die »Voyager«-Sonden machten sich früher allerdings eine andere Energiequelle zu Nutze: Die Anziehungskraft der Planeten. Sie ließen sich etwa von der Gravitation des Jupiter in Richtung Saturn schleudern und von da aus wieder weiter. Je näher die »Voyagers« dem riesig großen Jupiter kamen, desto stärker zog sein Gravitationsfeld sie an, und sie wurden immer schneller. So wurden sie am Jupiter selbst dann regelrecht vorbeikatapultiert und zum Saturn weitergesandt.

Menscheitsgrüße

Als die Voyagersonden unsere Planeten passiert hatten, flogen sie weiter ins All hinaus. Man glaubt, dass sie vielleicht irgendwann einmal in der Zukunft von außerirdischen Lebewesen gefunden werden, selbst wenn es die Menschheit dann vielleicht gar nicht mehr gibt. Daher sind an Bord der Sonden auch Schallplatten mit Tönen und Liedern von der Erde sowie Bildern von uns Menschen.

Die »Voyager«-Sonden flogen auf ihrem Weg durchs Sonnensystem am Jupiter und seinen Monden vorbei.

Erfinder-Wortschatz

Gravitation
Raumsonde
Sonnensystem

Marke Eigenbau: UFO

Ihr benötigt:

- dünne Pappe • Schere
- 2 große Aluschalen
- Tapetenleim • Zeitungen
- Klebeband • Kleber
- Holzspieße • Knöpfe
- goldene Glanzpappe
- Toilettenpapierrolle
- Murmeln • Knete
- Acrylfarbe und Pinsel
- eine Kunststoffflasche
- alte Münzen • Knöpfe

1 Klebt die beiden Aluschalen wie abgebildet aufeinander und befestigt rundum einen Pappstreifen mit Klebeband. Bedeckt alles mit in Tapetenleim getauchten Zeitungsstreifen.

2 Steckt drei Holzspieße als Beine in euer UFO. Schneidet Standfüße aus Pappe aus und klebt sie darunter. Klebt ein Stück Toilettenpapierrolle unter das UFO.

3 Formt aus Knete drei Außerirdische mit Murmelaugen – einen davon nur mit Kopf und Brust.

4 Klebt den Außerirdischenkopf auf das UFO und klebt das Ende einer Kunststoffflasche als Cockpit darüber.

5 Schneidet ein Dreieck aus Glanzpappe aus und befestigt es als Transporterstrahl an der Toilettenpapierrolle.

6 Bemalt euer UFO und schmückt es mit Münzen und Knöpfen.

Können wir Raketen wieder verwenden?

Die Raketenforschung ist seit den ersten einstufigen Raketen schon sehr weit gekommen. Es werden jetzt sehr leistungsstarke mehrstufige Raketen gebaut. Das Problem bei diesen riesigen Raumfliegern ist, dass sie so teuer sind und nur einmal eingesetzt werden können. Kann man eine billigere Möglichkeit finden?

Jeder Apollo-Raumflug kostet viele Millionen Euro. Daher macht man sich um Sparmaßnahmen Gedanken.

Wenn die Raketen mehr als nur einmal verwendet werden könnten, würde man viel Geld sparen können.

Raketen verbrauchen enorm viel Treibstoff, um überhaupt in den Weltraum zu gelangen. Der Treibstoff braucht viel Platz. Eine einzelne ganz wieder verwendbare Rakete wäre zu groß und zu schwer zum Fliegen.

WAS WAR NÖTIG?

- Ein wieder verwendbares Raumschiff musste wieder auf der Erde landen, es brauchte also Flügel, um hinabzugleiten.

- Außerdem brauchte es Lenkraketen, um im Weltraum zu steuern.
- Es musste die unglaubliche Hitze überstehen können, die beim Wiedereintritt in die Erdatmosphäre entsteht.
- Auch die Platzfrage ist wichtig. Es müssen alle benötigten Materialien hineinpassen, wie etwa Raumsonden und Baustoffe. Trotz dieser großen Last muss das Raumgefährt ungeheuer schnell sein.

Die Raumfähre »Challenger« wurde hier mit einer Kamera an Bord ihres wieder verwendbaren Satelliten aufgenommen.

Raumfährenflotte

Als Spaceshuttle bezeichnet man einen in den USA entwickelten Raumfährentyp, den man mehrmals wiederverwenden kann. Spaceshuttles werden zwar wie Raketen gestartet, aber sie landen wie ein Flugzeug auf einer Rollbahn. Der Teil mit Tragflächen, der Orbiter, befindet sich auf einem länglichen Treibstofftank. Zusätzlichen Treibstoff erhält die Raumfähre von zwei Hilfsraketen.

Wenn die Hilfsraketen ihre Aufgabe erfüllt haben, fallen sie zurück auf die Erde und werden wiederverwendet. Auch der Treibstofftank wird später abgestoßen. Nun fliegt nur noch der Orbiter selbst mit kleinen Motoren weiter. Beim Wiedereintritt in die Erdatmosphäre wird er durch einen Schutzschild aus hitzebeständigen Kacheln abgeschirmt, bevor er schließlich auf einer Rollbahn landet.

Das Spaceshuttle

Das Spaceshuttle wurde als eine Art Lasttier für den Weltraum entwickelt. Man kann es immer wieder von neuem für verschiedene Aufgaben einsetzen. In der Spitze des Orbiters befindet sich die Druckkabine, in der der Pilot sitzt. Darunter liegt ein Zwischendeck, in dem Wissenschaftler untergebracht werden können.

Eine Luftschleuse führt vom Zwischendeck in die Ladebucht, wo alles aufbewahrt wird, was man für die Aufgabe der Raumfähre braucht. Zum Shuttle-Programm gehörten ganz unterschiedliche Missionen. 1981 begann man mit den Shuttle-Flügen, und in den 1980er Jahren wurden vor allem kommerzielle und militärische Missionen durchgeführt. Wichtig ist auch die Wartung technischer Geräte, etwa des »Hubble«-Weltraumteleskops 1993. Außerdem hatten Spaceshuttles das Forschungslabor Spacelab an Bord.

Bei einer Shuttle-Mission werden an einem frei schwebenden Satelliten Reparaturen vorgenommen.

Hitzestau

Die meisten glauben, dass sich eine Raumfähre durch Reibung sehr stark erhitzt, wenn sie wieder in die Erdatmosphäre eintritt. Aber das stimmt nicht! Die Wärme entsteht auf ganz andere Weise. Bei so hoher Geschwindigkeit kann die Luft der Raumfähre nämlich nicht rasch genug ausweichen, und die Teilchen der Luft stauen sich an der Spitze und werden so stark zusammengequetscht, dass es dabei bis 5000° C heiß wird.

Erfinder-Wortschatz

Ladebucht
Luftschleuse
Molekül
Orbiter
Spaceshuttle
Zwischendeck

Marke Eigenbau: Planetenmodell

Ihr benötigt:

- dicke Pappe
- Schere oder Cutter
- ein Bild von unseren neun Planeten
- Küchenpapier
- Wasserfarbe und Pinsel
- Tapetenleim
- Strohhalme
- Glitzerstifte

1 Schneidet aus der dicken Pappe neun verschieden große Scheiben für die Planeten und einen passenden Pappstreifen für alle aus.

2 Malt ein Stück Sonne als riesigen Halbkreis ganz links auf den Pappstreifen, und klebt die Planeten von links nach rechts auf.

3 Baut aus jedem Planeten ein 3-D-Modell, indem ihr viele kleiner werdende Pappkreise ausschneidet und sie jeweils zu einer Stufenhalbkugel aufschichtet.

4 Füllt die Stufenhalbkugeln mit in Tapetenleim getauchten Küchenpapierstücken auf und formt glatte Halbkugeln daraus. Zieht auch einen Leimpapierrand um die Sonne.

5 Schneidet einen halben Pappring aus und klebt ihn wie abgebildet um den Saturn herum fest.

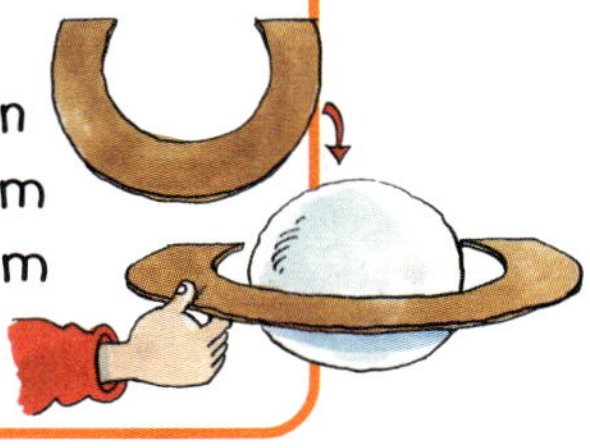

6 Bemalt euer Planetenmodell bunt. Malt die Laufbahnen der Planeten mit bunten Glitzerstiften auf.

Wie können wir ins All sehen?

Früher haben Sternenforscher den Himmel einfach mit bloßem Auge beobachtet. Als dann Teleskope erfunden wurden, waren sie bald das wichtigste Instrument der Astronomen. Teleskope bündeln Lichtwellen und machen so Dinge im Weltraum sichtbar.

Es werden immer bessere Teleskope gebaut, und heute können die Astronomen die Planeten und Sternensysteme besser erkennen als je zuvor.

Aber leider müssen die Wissenschaftler mit Licht arbeiten, das aus ungeheurer Entfernung kommt. Deshalb erscheint vieles unklar.

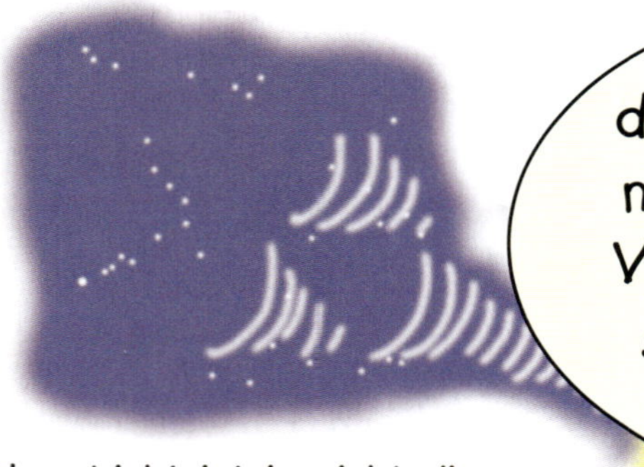

Aber Licht ist ja nicht die einzige Strahlung aus dem Weltall. Der Ingenieur Karl Jansky untersuchte Störgeräusche in Radiowellen, deren Ursprung er nicht kannte. Und seltsam: Sie traten jeden Tag 4 Minuten früher auf.

WAS PASSIERTE?

- Jansky wusste, dass auch die Sterne jeden Tag 4 Minuten früher am Himmel erscheinen. Also nahm er an, dass die Radiostrahlung von den Sternen herrührte.
- Jansky hatte Recht. 1932 fand er heraus, dass das Weltall tatsächlich Radiowellen ausstrahlt.

- Ein anderer Astronom namens Grote Reber baute später in seinem Garten ein schüsselförmiges Radioteleskop.
- Ein paar Jahre später entwickelten andere Astronomen die Idee weiter. Sie verwendeten nun statt Licht gebündelte Radiowellen für ihre Teleskope.

Radioteleskope nehmen starke Strahlung von der Sonne oder aus dem Zentrum einer Galaxie auf.

Radiowellen

Mit Radioteleskopen empfängt man Radiosignale aus dem All. Sie sind so groß, weil Radiowellen viel länger als Lichtwellen sind. Die meisten Radioteleskope empfangen die Wellen mit einer Antennenschüssel. Sie drehen sich zur Quelle der Radiostrahlung hin, einem Stern oder dem Zentrum einer Galaxie. Dann werden die Radiowellen zu elektrischen Signalen umgewandelt. Diese werden durch einen Empfänger verstärkt, der die Stärke der Strahlung und ihre Frequenz, also die Anzahl der Radiowellen pro Sekunde, aufzeichnet. Ein Computer analysiert die Daten und zeichnet daraus ein Bild.

In den Tiefen des Alls

Mithilfe von Radioteleskopen fanden Astronomen heraus, dass die riesigen Gaswolken zwischen den Sternen in regelmäßigen Abständen Radiowellen ausstrahlen und auch, dass dunkle sternenförmige Gebilde, die sie nicht identifizieren konnten, ebenfalls intensiv strahlen. Die Wolken nennt man Pulsare, die dunklen Objekte Quasare.

Ein Pulsar ist ein Stück Materie, das nach der Supernova-Explosion eines Sterns übrig bleibt und Radiowellen abgibt. Ein Quasar ist eine sehr, sehr weit entfernte Galaxie mit einem hell leuchtenden Zentrum. Auch Quasare geben starke Radiosignale ab. Wenn diese Signale bei uns ankommen, haben sie den Quasar bereits seit Jahrmillionen verlassen.

Planetenkarten

Wie stellt man eine Landkarte von einem Planeten her, auf dem man nie gewesen ist? Man verwendet dafür ein Teleskop, das wie ein riesiges Radarsystem funktioniert. Von dem Teleskop werden Radiowellen zum Planeten gesendet. Sie werden von dort reflektiert, und ihr elektronisches Echo wird zu einem Bild von einer Landkarte umgewandelt.

Dieses Bild des Krebsnebels zeigt in der Mitte ein blasses Objekt, das man für einen Pulsar hält, die Überreste eines explodierten Sterns.

Erfinder-Wortschatz

Galaxie
Pulsar
Quasar
Radiospektrum
Radioteleskop
Supernova

Marke Eigenbau: Radioteleskop

Ihr benötigt:

- einen Wok
- transparente Folie
- Zeitungen • Kleber
- Tapetenleim
- Kunststoffflaschen
- Draht
- Acrylfarbe und Pinsel
- Flaschenverschlüsse
- dünne Pappe
- kleine Schachteln
- Knöpfe

1 Deckt den Wok gut mit transparenter Folie ab und legt ihn innen mit in Tapetenleim getauchten Zeitungsstreifen aus. Nehmt die Papiermascheeschüssel nach dem Trocknen heraus.

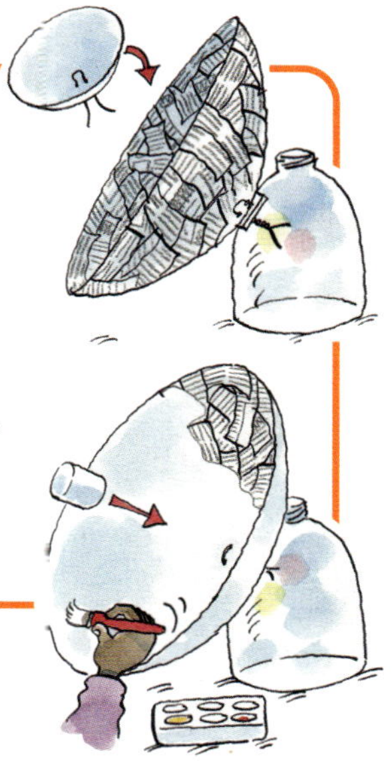

2 Stecht in die Mitte der Schüssel zwei Löcher und in das Oberteil einer Kunststoffflasche ebenso. Führt ein Stück Draht durch die Schüssel und das Flaschenoberteil und verdreht die Drahtenden fest miteinander.

3 Klebt Flaschenverschlüsse und eine dünne Papprolle wie abgebildet zusammen.

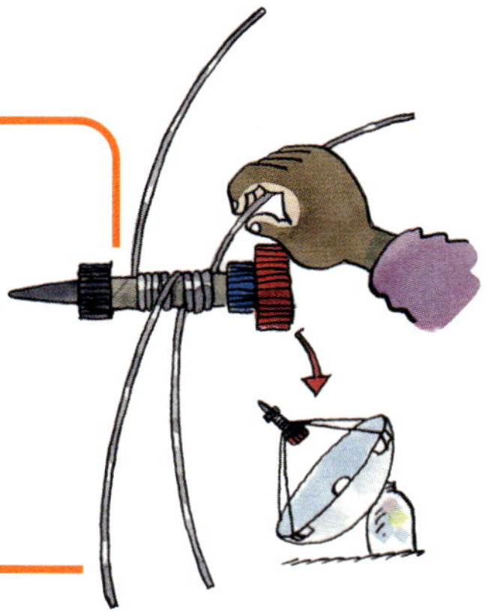

4 Umwickelt eure Teleskopantenne mit 4 langen Drahtstücken und biegt die Enden schräg ab. Klebt sie an den Schüsselrändern fest.

5 Stellt eine Plattform aus Schachteln zusammen, klebt sie fest und befestigt die Schüssel darauf. Dann malt alles bunt an.

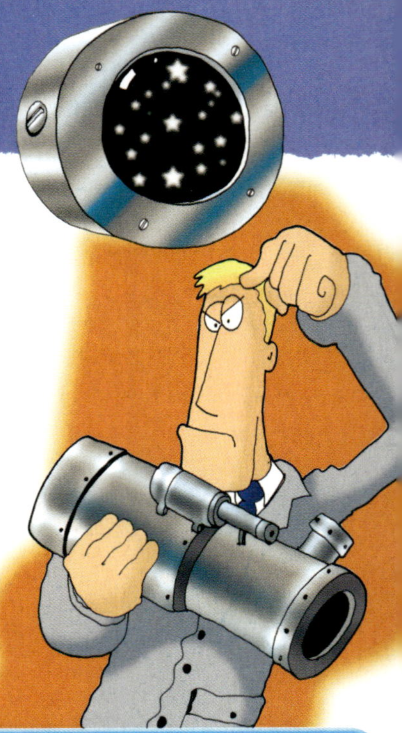

Können wir exakte Teleskope bauen?

Als Astronomen den Nachthimmel zum ersten Mal durch ein Teleskop beobachteten, waren sie von ihrer Aussicht zwar entzückt, aber die Bilder waren noch sehr ungenau. Selbst mit leistungsstärkeren Teleskopen sah alles immer noch recht verschwommen aus. Wenn man nur eine klarere Sicht auf die Sterne bekommen könnte!

Isaac Newton entwarf 1668 das erste Spiegelteleskop. Es warf das Licht mit Spiegeln zurück, anstatt es durch eine Linse zu brechen oder zu bündeln.

Die Spiegel ließen das Bild klarer erscheinen als Linsenobjektive. Das Licht wurde mit zwei Spiegeln »um die Ecke« zum Betrachter gelenkt.

Um 1672 benutzte ein Forscher namens Cassegrain einen nach außen gewölbten Spiegel, der das Licht durch ein Loch im Hauptspiegel reflektierte – eine Verbesserung, aber noch immer war das Bild verschwommen.

WAS PASSIERTE?

- 1856 ergab Justus von Liebigs silberbeschichteter Spiegel über die glänzendere Oberfläche ein schärferes Bild.
- Im 20. Jahrhundert wurden Spiegelteleskope immer größer – von 1,5 Metern bis zu 5 Metern in der kalifornischen Sternwarte Mount Palomar.
- Aber selbst durch die größten Spiegelteleskope bekommt man immer noch kein ganz klares Bild. Das liegt an der leicht gekrümmten Erdatmosphäre.

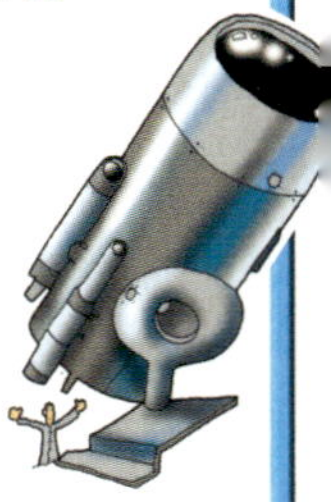

- Vielleicht findet man die Lösung im Weltraum. Mit Raumfähren kann man jetzt große Lasten sicher transportieren, und dann könnte man ein Teleskop im Weltraum aufbauen!

Das »Hubble«-Weltraumteleskop umkreist in etwa 600 km Höhe die Erde. Es nimmt ständig Bilder auf, um die Geheimnisse des Weltalls ein Stück weiter zu enträtseln.

Klare Sicht

Ein Weltraumteleskop arbeitet außerhalb der Erdatmosphäre. Das »Hubble«-Weltraumteleskop wurde 1990 in 610 km Höhe in den Weltraum entlassen. Sein riesiger Hauptspiegel ist 2,4 Meter groß. Leider hatte es am Anfang noch einen Herstellungsfehler. Die Bilder, die es zur Erde sandte, waren noch nicht einwandfrei. Aber 1993 wurde das Teleskop dann von Astronauten repariert, und seitdem sendet es uns die genauesten Bilder aus dem Weltall, die man je auf der Erde gesehen hat, mit 50-mal besserer Bilderkennung.

Schwarze Löcher

Ein schwarzes Loch ist ein unsichtbarer Bereich im Weltall mit so starker Anziehungskraft, dass es alles in seiner Nähe einfängt und aus seinem Gravitationsfeld nicht einmal Licht herausdringen kann. Aber wenn es unsichtbar ist, wie findet man es dann? Man setzt dazu ein spezielles Röntgenteleskop ein.

Naturwissenschaftler sind der Meinung, dass riesige schwarze Löcher im Zentrum mancher Galaxien existieren, die enorm viel Energie freisetzen. Die Energiequelle für die schwarzen Löcher, so glaubt man, sind eingefangenes Gas, Staub und Sterne, die ins schwarze Loch hineingezogen werden. Röntgenstrahlen können schwarze Löcher erforschen, denn sie durchdringen Gas und Staub besser als sichtbares Licht. Röntgenteleskope reagieren auf Röntgenstrahlen, die aus schwarzen Löchern in großer Menge austreten.

Spiegelpizza?

Teleskopspiegel wurden früher genau wie Linsen geschliffen. Heute stellt man sie aber in speziellen Drehöfen her, wo die geschmolzene Glasmasse in einer genau bestimmten Geschwindigkeit im Kreis gedreht wird – etwa so wie ein Pizzabäcker den Teigboden dreht. Die Glasmasse fließt dann in genau die richtige Form für einen Teleskopspiegel.

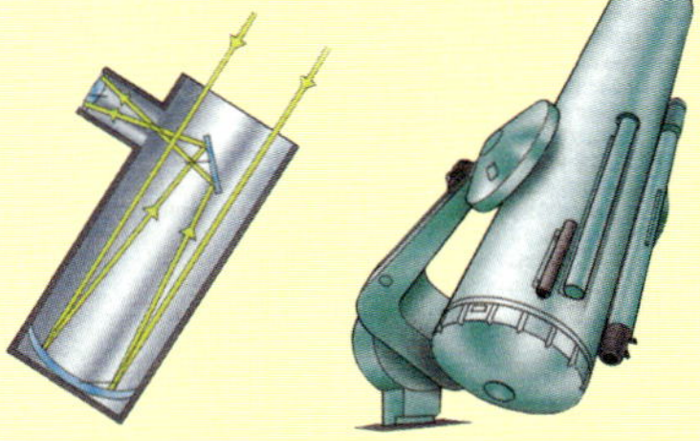

Ein Röntgenteleskop kann schwarze Löcher sichtbar machen.

Erfinder-Wortschatz

Gravitationsfeld
schwarzes Loch
Weltraumteleskop

Marke Eigenbau: Sternteleskop

Ihr benötigt:

- Schere • dünne Pappe
- eine dicke Papprolle
- Toilettenpapierrolle
- 2 lange Nägel
- transparente Folie
- Acrylfarbe und Pinsel
- eine schmale Schachtel
- 4 Plastikbecher
- doppelseitiges Klebeband
- Kleber • Dekosterne

1 Schneidet einen Pappring aus dünner Pappe aus und klebt ihn auf das Ende der dicken Papprolle. Klebt eine Toilettenpapierrolle über das Loch im Ring. Steckt die Nägel wie abgebildet an beiden Seiten in die Toilettenpapierrolle.

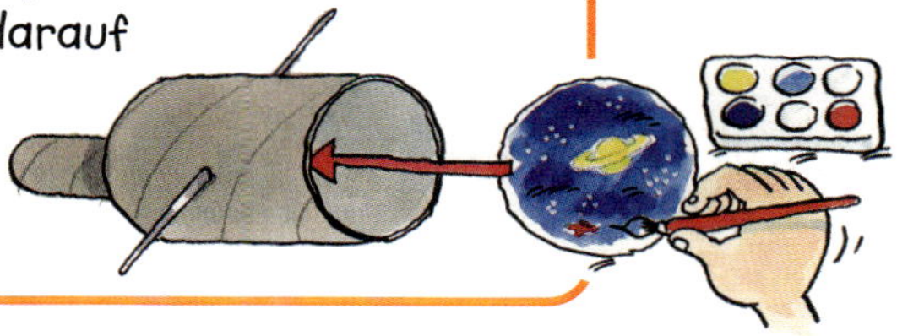

2 Schneidet einen Kreis Folie aus, der über das offene Ende der dicken Papprolle passt, malt einen Sternenhimmel darauf und klebt es mit dem Muster nach innen auf.

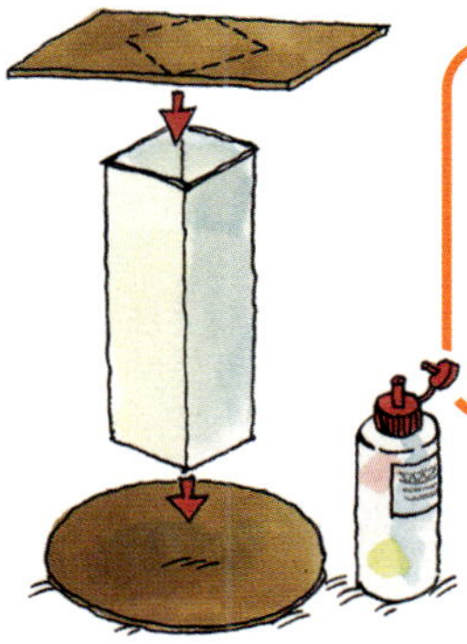

3 Schneidet ein Papprechteck und zwei Pappkreise aus und klebt sie über und unter eine schmale Schachtel.

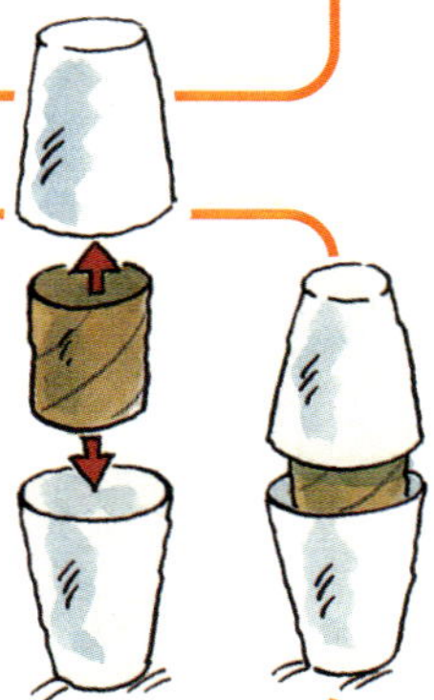

4 Klebt je zwei Plastikbecher über beide Enden von zwei Toilettenpapierrollen.

5 Steckt die Nägel des Teleskops durch die beiden oberen Becher und klebt dann die unteren Becher auf dem Ständer fest. Bemalt euer Teleskop und schmückt es mit Dekosternen.

Dreht euer Teleskop zum Licht, bevor ihr hindurchschaut.

Wie erfahren wir mehr über Sterne?

Die Astronomen finden ständig Neues im Weltraum. Manches finden sie, wenn sie ihn durch ein Teleskop beobachten, anderes, wenn sie Radiowellen oder andere Wellen empfangen. Teleskope bündeln Lichtwellen, die zu Bildern umgewandelt werden – aber das ist noch nicht alles!

Astronauten können im Weltraum Versuche machen, um zu bestimmen, welche winzigen Teilchen Planeten umgeben oder wie viel Licht sie ausstrahlen.

Aber noch besser wäre es, wenn man den Planeten selbst besuchen könnte.

Die Astronauten, die zum Mond flogen, haben dort Experimente durchgeführt, um herauszufinden, woraus er besteht. Aber wir wollen auch wissen, woraus Sterne und Planeten bestehen.

WAS FANDEN SIE HERAUS?

- Naturwissenschaftler haben entdeckt, dass die Atome von Stoffen wie Kohlenstoff beim Erhitzen Licht ausstrahlen.
- Man weiß, dass man das Licht in elektromagnetische Wellen verschiedener Wellenlänge aufspalten kann, von denen dann jede in einer eigenen Farbe erscheint. Das nennt man Spektrum.
- Alle Atome eines Elements geben bei bestimmten Wellenlängen starke Strahlung ab. Bei solchen Wellenlängen ist das Spektrum dieses Elements dann sehr hell.
- Jedes Element besitzt ein ganz eigenes Muster dieses hellen Spektrums, das sich von allen anderen Elementen unterscheidet. Können die Spektralmuster uns weiterhelfen?

Hier wird ein Spektralanalysesystem an Bord der Raumsonde »Mars Odyssey« überprüft. Dazu gehört ein Infrarot-Spektrometer, mit dessen Hilfe die Marslandschaft dargestellt werden kann.

Sternenlicht

Ein Spektrograf ist ein Gerät, mit dem man das Licht (meist das eines Sterns) in ein Spektrum zerlegen kann. Das Spektrum kann mit einer elektronischen Kamera oder einem so genannten CCD (englisch »charge-coupled device« für ladungsgekoppeltes Bauteil) aufgezeichnet werden, das sehr viel schärfere Bilder als eine Kamera macht.

Ein Spektrograf steckt in einem lichtundurchlässigen Behälter, in den das zu analysierende Licht durch einen Schlitz eintritt und erst einmal durch eine Linse in zwei Strahlen gespalten wird. Durch ein Prisma wird das Licht dann in ein Spektrum zerlegt. Wenn das Spektrum analysiert, d. h. untersucht wurde, wissen wir, woraus der Stern besteht.

Spektroskopie

Weltraumforscher analysieren Lichtstrahlen von Objekten im All, etwa von Sternen oder Staubwolken, um mehr über diese Objekte zu erfahren. Eine solche Untersuchung bezeichnet man als Spektroskopie.

In der Spektroskopie werden Spektrografen dazu eingesetzt, weißes Licht, das von der Sonne oder anderen Objekten ausgestrahlt wird, in seine einzelnen Wellenlängen und deren Farben zu zerlegen. Die Gesamtheit dieser Farben nennt man Spektrum. Auch zum Aufspalten anderer Strahlungsarten, etwa Gamma- oder Infrarotstrahlen, bedient man sich der Spektroskopie. Durch die Untersuchung des Spektrums kann man feststellen, aus welchen Atomen die Gasschicht um einen Stern oder aus welchen Molekülen die Atmosphäre eines Planeten besteht. Astronomen setzen die Spektroskopie auch zur Bestimmung der Bewegung von Sternen und Planeten ein.

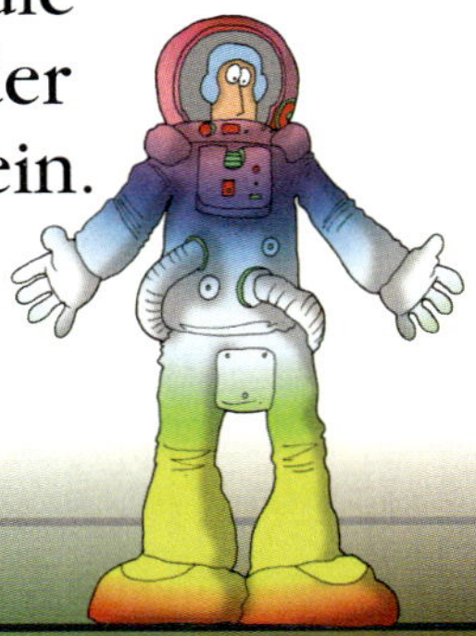

Die dunklen Linien auf diesem Spektrum zeigen, welche Art Licht ein Stern aufnimmt. Das deutet darauf hin, welche Elemente er enthält.

Röntgenspektrum

Wenn man eine alte Supernova erforschen möchte, tut man das mit einem Röntgenspektrografen, der Röntgenstrahlen aus heißen Quellen mit starker Energie analysieren kann. Aus den empfangenen Wellenlängen ergibt sich ein Röntgenstrahlspektrum, das Aufschluss darüber gibt, woraus die Supernova besteht.

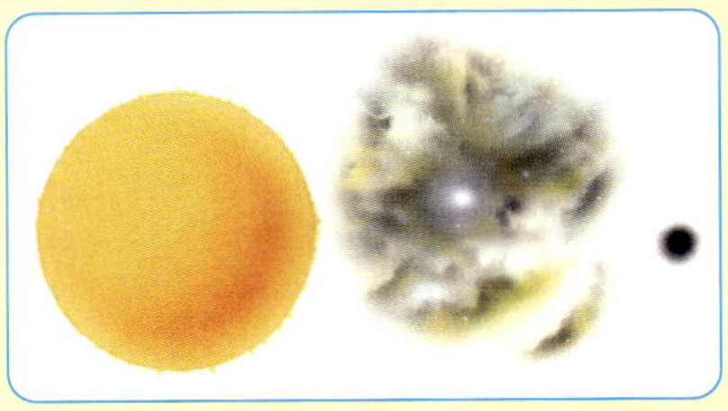

Erfinder-Wortschatz

CCD
Molekül
Prisma
Spektrograf
Spektroskopie
Spektrum

Marke Eigenbau: Spektralbrille

Ihr benötigt:

- Schere
- Cutter
- eine flache Pappschachtel
- transparente Folie
- 2 Plastikbecher
- Glanzpappe, Glanzwellpappe, Pailletten, bunte Pfeifenreiniger
- Obstverpackung aus Plastik oder Styropor
- Gummibänder
- Kleber
- Acrylfarbe und Pinsel

1 Scheidet alle Flächen wie abgebildet aus der Pappschachtel aus.

2 Schneidet passende Folienstücke aus und klebt sie über die ausgeschnittenen Fenster.

3 Schneidet den Boden von zwei Plastikbechern ab. Bemalt die Becher und beklebt sie mit Glanzpappe, Pailletten und bunten Pfeifenreinigern. Klebt sie dann am unteren Ende der Schachtel fest.

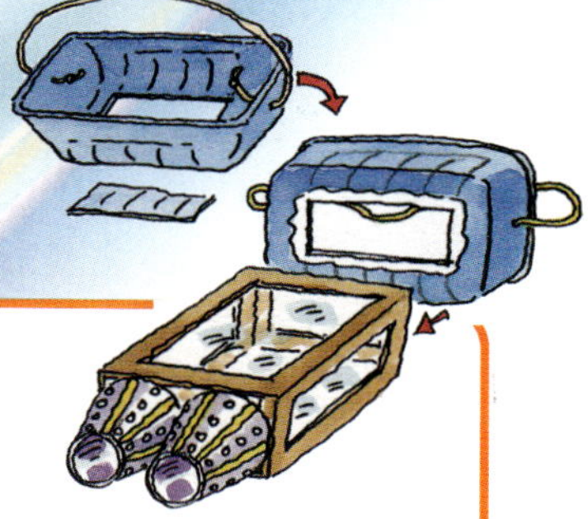

4 Schneidet ein Sichtfenster aus der Obstverpackung und bohrt rechts und links Löcher. Befestigt daran ein langes Gummiband für euren Kopf oder auch Pappstreifen mit Gummibindung wie oben abgebildet.

5 Klebt die Brille an der Maske fest und schmückt alles mit Acrylfarbe und Glanzpappestreifen.

Glossar

3-D dreidimensional, d. h. nicht nur Höhe und Breite, auch die Tiefe eines Bildes oder Gegenstandes werden wahrgenommen
S. 86

Achse vorgestellte Linie, die gerade durch den Mittelpunkt eines Objekts verläuft. Ein rotierendes Objekt wie der Planet Erde dreht sich um die eigene Achse
S. 138

Aerodynamik Lehre von den Kräften, die auf Körper in der Luft wirken. Sie ist wichtig beim Flugzeug- und Fahrzeugbau
S. 16

analog bedeutet eigentlich »ähnlich« und bezieht sich meist auf elektronische Signale, die unmittelbar aus anderen Signalen (z. B. Tönen) entstehen, anstatt aus einem digitalen Code
S. 82

Antenne der Teil eines Sendesystems, der Funksignale empfängt, z. B. ein Kabel, eine Metallstange oder eine Empfangsschüssel
S. 24

Antriebssystem Mechanismus, der etwas vorwärts schiebt oder zieht
S. 28

Aqualunge tragbarer Lungenautomat für Taucher, der vom Meeresforscher Jacques Cousteau entwickelt wurde
S. 100

Astronaut jemand, der dazu ausgebildet ist, in den Weltraum zu fliegen
S. 138, 146

Atomkern Ein Atom ist ein winziger Baustein eines Stoffes. Es besteht aus einem Kern und Elektronen, die sich darum herum bewegen. Der Atomkern besteht aus Neutronen und Protonen. Die Atome, aus denen ein chemisches Element besteht, sind alle gleich.
S. 124

ATV Tauchroboter, den man anstatt lebender Taucher in tiefe Gewässer schicken kann. Abkürzung für »advanced tethered vehicle«, englisch für verbessertes verbundenes Fahrzeug.
S. 128

Audio-CD mit Metall beschichtete Kunststoffscheibe, auf der man Musik im digitalen Verfahren speichert
S. 74

Aufpralltheorie Annahme, der zufolge in der Frühzeit der Erde ein riesiger Körper auf ihr einschlug und von der Erdoberfläche aufspritzende geschmolzene Gesteinsbrocken sich später zum Mond formierten
S. 154

Auftrieb Kraft, die einen Körper in der Luft oder im Wasser aufwärts trägt
S. 16, 100

Barotrauma Verletzung von Tauchern, wobei der Wasserdruck um sie herum zu groß für den Luftdruck in ihrer Lunge wird und diese zusammendrückt
S. 96

Bathyskaph von Auguste Piccard entwickeltes bemanntes Tauchboot zur Erforschung der Tiefsee
S. 112

Bathysphäre von Otis Barton gebaute Taucherkugel für die Tiefseeforschung, die man bis zu 900 m tief von einem Schiff herunterlassen kann
S. 104

Benzinmotor Verbrennungsmotor, der mit fossilem Treibstoff angetrieben wird, und vor allem für die Bewegung von Fahrzeugen sorgt
S. 48

Berge erhabene Flächen auf der eingebrannten Tonspirale einer CD, die im Wechsel mit den Tälern das Muster für den abtastenden Laserstrahl ergeben. Umgewandelt wird es zu Musik oder Computerdaten.
S. 74

binär Zählweise, die ausschließlich mit den Zahlen 0 und 1 auskommt, und die Grundlage jeder Computerberechnung ist

S. 62

Bit Abkürzung für »binary digit«, englisch für Binärziffer (0 oder 1): Maß für die Größe von Computerdaten

S. 62

Bogenlicht Licht, das bogenförmig zwischen zwei elektrischen Drähten leuchtet und das früher für Straßenlampen verwendet wurde

S. 40

Browser auch Webbrowser, Computerprogramm, mit dem man Informationen im Internet finden und anzeigen lassen kann

S. 78

CAD Abkürzung für »computer-aided design«, englisch für computergestützte Konstruktion. Mit CAD-Programmen erstellt man dreidimensionale Modelle zur Planung von z. B. Gebäuden oder Autos.

S. 86

CCD Abkürzung für »charge-coupled device«, englisch für ladungsgekoppeltes Bauteil: ein Gerät, das elektronische Bilder aufzeichnet

S. 174

CD Abkürzung für »compact disc«, englisch für Kompaktscheibe: metallbeschichtete Kunststoffscheibe, auf der man im digitalen Verfahren Computerdaten oder Musik speichert

S. 74

Client einer der Rechner in einem Computernetzwerk, die mit dem leistungsstarken Hauptrechner, dem Server, verbunden sind

S. 66

Computerchip integrierter Schaltkreis (IC), der als Speicherbaustein in einem Computer verwendet wird

S. 62

Coprozessor zusätzlicher Mikroprozessor in einem Computer, der den Hauptprozessor bei seiner Arbeit unterstützt und etwa für bestimmte mathematische Berechnungen zuständig ist

S. 66

Dampflokomotive Zugmaschine auf Schienen, die durch Dampfkraft angetrieben wird

S. 28

Daten-CD mit Metall beschichtete Kunststoffscheibe, auf der man im digitalen Verfahren Computerdaten speichert

S. 74

Dekompression die schrittweise Senkung des Wasserdrucks bei Tauchern, wenn sie wieder auftauchen

S. 132

Differenzialrechnung Teilgebiet der Mathematik, das sich heute vor allem mit der Berechnung von lokalen Veränderungen in so genannten Funktionen befasst

S. 12

digital von englisch »digit« für Ziffer, wörtlich: alles durch Ziffern Angezeigte. Digitale Daten und Verfahren, etwa das Errechnen und Darstellen von Informationen auf einem Computer, basieren grundsätzlich auf einem Code aus den binären Ziffern 0 und 1.

S. 70, 82

drahtlose Telegrafie Alexander Graham Bells Name für die Funkübertragung, die von Guglielmo Marconi entscheidend zum Radio weiterentwickelt wurde

S. 24

dreiachsige Steuerung Lenksystem der Brüder Wright, um Flugzeuge in alle Richtungen steuern zu können

S. 48

Druckerpresse Maschine für den Bücherdruck, bei der Druckerschwärze mit Druck auf Papier aufgetragen wird

S. 20

Druckkammer Kabine mit künstlich einstellbarem Luftdruck, in der ein Taucher nach einem Tauchgang allmählich wieder an den normalen Luftdruck gewöhnt wird
S. 132

Druckluft komprimierte, d. h. zusammengepresste Luft, die Taucher Platz sparend in Druckluftflaschen mit unter Wasser nehmen und über Ventile zur Atmung verwenden können. Auch: komprimierte Luft zum Antrieb von Zylindern oder Turbinen
S. 96

Druckstock Druckform für Druckerpressen aus Holz, Metall oder Kunststoff, mit der das Papier direkt bedruckt wird
S. 20

Düsenrucksack düsenbetriebene Antriebseinheit, die Astronauten im Weltraum auf dem Rücken tragen
S. 150

DVD Abkürzung für »digital versatile disc«, englisch für vielseitige Digitalscheibe. Spezialbeschichtete Kunststoffscheibe mit mehr Speicherplatz als eine CD, auf der Bilder, Töne und andere Daten digital gespeichert werden. Filme können von DVDs mit einem DVD-Player auf einem Bildschirm abgespielt werden.
S. 82

Dynamo kleiner Generator, mit dessen Hilfe ein elektrischer Strom erzeugt wird, z. B. für das Fahrradlicht
S. 32

Echolot Gerät zur Messung von Meerestiefen mittels Schallwellen, die am Gewässerboden reflektiert werden und dann von einem Schallwandler zu Bildern umgewandelt werden
S. 128

EDVAC Abkürzung für »electronic discrete variable automatic computer«, englisch für elektronischer eigenständiger automatischer Rechner: einer der ersten Großrechner
S. 54

elektromagnetische Wellen Strahlungswellen, zu denen Licht-, Funk-, Röntgen- und Gammastrahlen gehören
S. 169

elektronische Signale kurze elektrische Entladungen, die durch ein Kabel oder einen Schaltkreis gesendet werden
S. 58

ENIAC Abkürzung für »electronic numerical integrator and computer«, englisch für elektronischer numerischer Integrator und Rechner: ein frühes Großrechnermodell
S. 54

Epibenthosschlitten Gerät zur Erforschung der Tiefsee: Drahtkäfig, der über den Meeresboden gezogen wird und in einem Beutel Organismen der Tiefsee sammelt
S. 120

erdnaher Orbit Umlaufbahn eines Himmelskörpers um die Erde in bis zu 300 km Höhe
S. 138

EVA Abkürzung für »extra-vehicular activity«, englisch für Außenbord-Aktivität: Bewegung von Astronauten außerhalb ihrer Kapsel mit einem Versorgungskabel oder einem Düsenrucksack
S. 150

Faksimile lateinisch für etwas ähnlich machen: Kopie eines Dokuments, das der Vorlage genau entspricht
S. 58

Fallschirm Hilfsmittel zum sanften Abstieg aus der Luft zum Boden. Der Springer trägt ein Gurtzeug, das durch Leinen mit dem Schirm verbunden ist. Der Luftwiderstand unter dem Schirm verlangsamt seinen Abstieg.
S. 16

Fax schriftliche Nachricht, die mithilfe eines Faxgerätes über das Telefonnetz versandt wird
S. 58

Fiberglas strapazierfähiger leichter Kunststoff aus einer Mischung von Glasfasern und erhärtetem Harz

S. 96

Fonograf von Thomas Edison eingeführte frühe Form des Plattenspielers

S. 36, 40

Fotofon von Alexander Graham Bell erfundener Apparat, der Töne per Lichtstrahl übertrug

S. 36

Freitauchen Tauchen ohne technische Hilfsmittel außer Schnorchel, Flossen oder Brille. So kann man als Taucher wegen der fehlenden Atemluft und des zunehmenden Wasserdrucks nicht in große Tiefen vordringen.

S. 100

Frequenz Anzahl der gesendeten elektromagnetischer Wellen (z. B. Radiowellen) pro Sekunde

S. 24

Funkzelle Bereich, den die Sendestation eines Mobilfunknetzes für Handys abdeckt. Durch ein dichtes Netz von Stationen kann die gesamte Fläche des Netzes abgedeckt werden, was bedeutet, dass es für die beteiligten Handys dort überall guten Empfang gibt.

S. 70

Galaxie System aus Sternen, Gasnebeln, Staubnebeln usw., die durch Gravitation aneinander gebunden sind. Unsere Galaxie heißt auch Galaxis oder Milchstraße.

S. 166

Generator Maschine, die Bewegungsenergie in Strom umformt. Ein Außenantrieb (z. B. Wasserkraft) dreht eine Spule in einem Magnetfeld und erzeugt so eine elektrische Spannung.

S. 32

geosynchroner Orbit Umlaufbahn eines Himmelskörpers um die Erde, der sich mit Erdumdrehungsgeschwindigkeit an gleich bleibender Stelle in 35900 km Höhe bewegt

S. 138

Gerätetauchen Tauchen mit technischen Hilfsmitteln zur Versorgung mit Atemluft, zum Druckausgleich u. a. Eine solche Tauchausrüstung ermöglicht es Tauchern, in große Tiefen vorzudringen und länger unter Wasser zu bleiben.

S. 100

Gigahertz nach dem Physiker Heinrich Hertz benannte Einheit für die Frequenz. Ein Hertz gibt die Anzahl der Schwingungen pro Sekunde an. 1 Gigahertz bezeichnet 1 Milliarde Schwingungen pro Sekunde.

S. 62

Glühlampe auch: Glühbirne, Glaskolben mit einem Glühfaden, der aufleuchtet, wenn Strom hindurchfließt

S. 40

grafische Benutzeroberfläche Teil eines Programms zur Bedienung eines Computers, das mit leicht verständlichen Bildern und Symbolen (etwa für Ordner und Dateien) arbeitet, anstatt nur mit Befehlen

S. 78

Grafofon frühes Aufnahme- und Abspielgerät von Alexander Graham Bell mit einem Wachszylinder, das fast nach dem Prinzip des Plattenspielers mit einer Gravurnadel zur Tonabnahme funktionierte

S. 36

Gravitation Anziehungskraft, die zwischen allen Körpern mit Masse besteht. Sie ist Ursache der Erdanziehungskraft oder Schwerkraft.

S. 158

Gravitationsfeld Bereich, in dem die Gravitation oder Anziehungskraft zwischen Körpern mit Masse wirkt

S. 170

Großrechner große Computeranlage, die mehr Platz einnimmt als ein PC (evtl. einen ganzen Raum) und in der Regel wesentlich leistungsstärker ist
S. 54

Gussform Form, in der Buchstaben oder Lettern aus Metall für den Buchdruck gegossen und dann in einer Linie zu geraden Zeilen gesetzt werden konnten
S. 20

Haftmine Geschoss, das mit Magneten an anderen Objekten befestigt und dort gezündet werden kann
S. 116

heiße Quellen Quellen auf dem Meeresgrund, denen sehr heißes Wasser (bis zu 400° C) entströmt, das so nährstoffreich ist, dass es viele Lebewesen der Tiefsee ernährt
S. 120

Hilfsrakete erste Stufe einer mehrstufigen Rakete, die ihr für den Start besonders starken Antrieb verleiht und danach abgestoßen wird
S. 142

Hochdruck-Dampfmaschine von Richard Trevithick gebaute kleine Dampfmaschine, in der der Dampf den Kolben unter Hochdruck antreibt, was sie wesentlich leistungsstärker machte als frühere Dampfmaschinen
S. 28

Höhenruder Teil der Steuerung im Heck eines Flugzeugs, das dessen Auftrieb verändert
S. 48

Hydrostatik Lehre von Flüssigkeiten im Ruhezustand
S. 12

Hyperlink direkte Verbindung zu Texten, Tönen, Bildern oder Sites im Internet, mit dem man durch einfaches Klicken von einem Dokument zum anderen gelangt
S. 78

IC Abkürzung für »integrated circuit«, englisch für integrierter Schaltkreis, auf einem einzigen Stück Material untergebrachte winzige elektronische Schaltung. Sehr viele ICs zusammen führen in einem Computer die Befehle aus.
S. 61

interplanetarer Raum Raum zwischen den Himmelskörpern unseres Sonnensystems
S. 146

interstellarer Raum Raum außerhalb unseres Sonnensystems
S. 146

Kammern hier: die mit Edelgas gefüllten Abteilungen eines Plasmabildschirms, in denen mithilfe von Elektroden winzige Gasexplosionen gezündet werden, was die Lichtstrahlung für den Bildschirm erzeugt
S. 90

Kernreaktor auch: Atomreaktor, Maschine, in der die Kernspaltung von meist Uran- oder Plutoniumatomen abläuft, um Wärme und daraus Elektrizität zu gewinnen
S. 124

Kernspaltung Vorgang, bei dem ein Atomkern unter Beschuss mit Elementarteilchen in zwei oder mehr Teile gespalten wird. Dabei entsteht Energie in Form von Wärme, aus der in Kernkraftwerken Strom gewonnen wird.
S. 124

kinetische Energie Energie sich bewegender Körper
S. 32

Kinetograf von Thomas Edison erfundene frühe Form der Filmkamera
S. 40

Kinetoskop von Thomas Edison erfundener früher Filmvorführapparat
S. 40

Knarre auch: Drehmomentschlüssel, handbetriebenes Werkzeug, mit dem man Dinge in nur eine Richtung bewegt
S. 16

Kondensator Teil einer Dampfmaschine (auch in Reaktoren), in dem der durch Wärme erzeugte Dampf abgekühlt und danach wieder dem Verdampfer zugeführt wird

S. 124

Kosmonaut russischer Astronaut

S. 138, 146

Kosmos auch: Weltall, Universum. Die Gesamtheit aller Dinge, die Welt auch außerhalb der Erde.

S. 146

künstlicher Satellit künstlicher Flugkörper, der einen Planeten auf einer Umlaufbahn (meist zu wissenschaftlichen oder militärischen Zwecken) umkreist

S. 138

Ladebucht Bereich eines Raumfahrzeugs, in dem die technische Forschungsausrüstung und andere Ladung aufbewahrt wird

S. 162

Lettern Schrifttypen aus Metall, die das spiegelverkehrte Abbild eines Buchstabens tragen, der dann in der Druckerpresse auf Papier gepresst und seitenrichtig übertragen wird

S. 20

lichtempfindlich auf die Menge an Licht reagierend, die etwas aussendet (z. B. ein Blatt Papier beim Faxen)

S. 58

Lichtjahr Entfernung, die das Licht in einem Jahr zurücklegt, ein Lichtjahr entspricht etwa 9,5 Billionen km

S. 146

LRV Abkürzung für »lunar roving vehicle«, englisch für Mondfahrzeug: ein Mondauto, mit dem Astronauten auf der Mondoberfläche fahren konnten

S. 154

Luftschleuse kleiner Raum in einem Raumfahrzeug, durch den die Besatzung von einem Raum in einen anderen mit unterschiedlichem Luftdruck gelangt

S. 162

Lungenautomat Apparat, mit dessen Hilfe Taucher aus einer Druckluftflasche atmen und so länger unter Wasser bleiben können. Die komprimierte Luft aus der Flasche wird durch den Lungenautomaten dem herrschenden Wasserdruck angepasst.

S. 100

Magnetfeld Bereich, in dem die magnetische Anziehungskraft zwischen den beiden Polen eines Magneten wirkt

S. 32

Meeresboden der von Meerwasser bedeckte Teil der Erdkruste. Er nimmt über 70 % der Erdoberfläche ein und liegt im Durchschnitt 2,6 km tief unter dem Meeresspiegel.

S. 112

mehrstufige Rakete Rakete mit mehreren als Stufen bezeichneten Antriebsteilen. Wenn der Treibstoff einer Stufe verbraucht ist, fällt sie ab, und die nächste Stufe zündet. So wird die Rakete leichter und schneller.

S. 142

Mikrometer Längenmaß, das dem Millionstel eines Meters entspricht. Auch: Kurzform für Mikrometerschraube, ein exaktes Längenmessgerät.

S. 74

Mikroprozessor integrierte Schaltkreise (ICs) auf einem Computerchip, die durch Maschinenbefehle gesteuert werden und die Berechnungen und Befehle ausführen, aus denen Computerprogramme aufgebaut sind.

S. 62

Mini-U-Boot im Zweiten Weltkrieg von der britischen Marine entwickeltes Kleinst-U-Boot, in das nur vier Personen Besatzung passten

S. 116

Mobiltelefon auch: Handy, tragbares Telefon, das Gespräche und Kurznachrichten über ein Netz aus Funkzellen übermittelt

S. 70

Molekül aus zwei oder mehr zusammenhängenden Atomen bestehendes Teilchen. Ein Wassermolekül besteht z. B. aus zwei Wasserstoffatomen und einem Sauerstoffatom.
S. 162, 174

Mond Himmelskörper und hellstes Objekt am Nachthimmel, das die Erde umkreist und ihr einziger natürlicher Satellit ist
S. 154

Mondauto Leichtfahrzeug, mit dem Astronauten auf der Mondoberfläche bis zu 13 km/h schnell und fast 100 Kilometer weit fahren konnten
S. 154

Multimedia Verwendung von mehr als einem Medium, also z. B. Bild-, Ton- und Filmmaterial
S. 78

Neon farb-, geschmack- und geruchloses Gas, das aufleuchtet, wenn Elektrizität hindurchfließt
S. 90

Netzwerk eine Anzahl miteinander verbundener Elemente, etwa mehrere Computer
S. 66

Orbit Umlaufbahn eines Objekts um einen Himmelskörper, etwa eines Satelliten um die Erde
S. 138

Orbiter Teil eines Spaceshuttle mit Tragflächen, der über einem länglichen Treibstofftank sitzt und in dem sich die Besatzung aufhält
S. 162

Oxidationsmittel Stoff, der Sauerstoff abgeben kann. Oxidationsmittel werden in Raketen in der Brennkammer mit dem Treibstoff vermischt, um den für die Verbrennung (und damit den für den Rückstoßantrieb) erforderlichen Sauerstoff zu erzeugen.
S. 142

Personal Computer Abkürzung PC. Heimcomputer, der von nur einer Person gleichzeitig bedient wird. Auch der größte PC passt noch auf einen Schreibtisch.
S. 66

Petroleum Rohölprodukt, das vor allem als Kraftstoff oder Reinigungsmittel eingesetzt wird
S. 112

Pixel aus englisch »picture elements« für Bildpunkte entstandenes Kunstwort. Die kleinste Einheit einer digitalen Grafik, also eines Computerbildes.
S. 90

Plasmabildschirm spezieller Flachbildschirm (ohne Bildröhre) mit scharfer Bildwiedergabe. Er besteht aus durch elektrisch entzündetes Gas beleuchteten Kammern.
S. 90

polarer Orbit Erdumlaufbahn, die über den Süd- und Nordpol verläuft und den Äquator immer zur selben Tageszeit überquert
S. 138

Polonium radioaktives chemisches Element, das in der Natur in Uran und Pechblende vorkommt
S. 44

Prisma keilförmiges Hilfsmittel für die Zerlegung von Licht in Spektralfarben mithilfe von Reflexion
S. 174

Propeller schraubenartiger Antrieb für Schiffe und einige Flugzeuge, der aus zwei oder mehr Rotorblättern besteht, die von einem Motor gedreht werden und so das Fahrzeug durch die Luft oder das Wasser nach vorn schieben bzw. ziehen
S. 48

Pulsar Materie, die nach der Supernova-Explosion eines Sterns übrig bleibt. Der Pulsar dreht sich mit enormer Geschwindigkeit und sendet dabei Radiowellen aus.
S. 166

Quasar sehr weit entfernte, leuchtende Galaxie, die aus ihrem Zentrum starke Radiosignale sendet
S. 166

Querlage Flugposition, in der ein Flugzeug beim Fliegen einer Kurve mit einer Seite nach unten und der anderen nach oben kippt
S. 48

radioaktiv unter Energieabgabe Strahlen freisetzend. Dabei zerfallen die Atomkerne des radioaktiven Stoffes. Radioaktive Strahlung ist besonders in hoher Menge schädlich für Menschen und Tiere und kann zu Krebserkrankungen führen.
S. 44

Radiospektrum Farbgruppe, die entsteht, wenn ein elektromagnetischer Strahl in verschiedene Radiowellenlängen aufgeteilt wird. Jede Farbe entspricht dann einer Wellenlänge.
S. 166

Radioteleskop Gerät zum Empfang von Radiosignalen aus dem Weltall. Die riesige Antennenschüssel empfängt Radiostrahlung aus dem Zentrum einer Galaxie. Dann werden die Radiowellen zu elektronischen Signalen umgewandelt, durch einen Empfänger verstärkt und von einem Computer als Bilder dargestellt.
S. 166

Radium von Marie und Pierre Curie entdecktes radioaktives chemisches Element, das in Erzen vorkommt
S. 44

Raketentreibstoff Spezialmischung aus Chemikalien, die in der Brennkammer einer Rakete als Treibstoff verbrannt wird
S. 142

Raumanzug Schutzanzug eines Astronauten. Eine äußere Schicht schützt ihn vor gefährlicher Strahlung, die innere reguliert die Wärme- und Kühlsysteme des Anzugs, die ihn vor Kälte und Hitze schützen.
S. 150

Raumkapsel kleine Luftdruck-Kabine an Raumfahrzeugen zur Personenbeförderung. Raumkapseln können nur einmal eingesetzt werden, da sie beim Wiedereintritt in die Erdatmosphäre zu stark beschädigt werden.
S. 146

Raumsonde unbemannter Weltraumflug zu Forschungszwecken, etwa zur Erkundung der Oberfläche anderer Planeten
S. 158

Renaissance kulturelle Bewegung des späten Mittelalters, während der viele neue Entdeckungen gemacht wurden und altes Wissen wieder neu belebt wurde. Blütezeit der Künste, Naturwissenschaften, Mechanik und Medizin
S. 16

Röntgenstrahlen elektromagnetische Strahlung mit kurzer Wellenlänge. Röntgenstrahlen durchleuchten den menschlichen Körper, weshalb man mit ihnen Innenaufnahmen der Knochen und Organe (Röntgenbilder) machen kann, die bei der Behandlung von Krankheiten helfen.
S. 44

Schiffsschraube Antrieb (Propeller), der Schiffe durchs Wasser schiebt
S. 112

Schreiber mittelalterlicher Beruf. Bevor es den Buchdruck gab, kopierten Schreiber noch per Hand die Bücher, was Jahre dauerte.
S. 20

schwarzes Loch unsichtbarer Bereich im Weltall mit so starker Gravitation, dass es alles in seiner Nähe einfängt und nicht einmal Licht herausdringt
S. 146, 170

Schwingung rasche und stetige Vor- und Rückwärtsbewegung. Die Häufigkeit der Schwingungen wird als Frequenz gemessen.
S. 36

Sensor Gerät, das Veränderungen registriert wie etwa die Lichtveränderungen, wenn der Laserstrahl die Berge und Täler einer CD oder DVD abtastet

S. 74

Server leistungsstarker Hauptrechner in einem Computernetzwerk, der Informationen sammelt und verteilt

S. 66

setzen die Buchstaben einer Druckseite so anordnen, dass die Seite korrekt gedruckt werden kann – früher mit spiegelverkehrten Metall-Lettern für eine Druckerpresse, heute meist mit Satzprogrammen am Computer

S. 20

Software Programme, die man zur Bedienung und Verwendung eines Computers braucht

S. 86

Sonnensystem Gesamtheit der Himmelskörper, die eine Sonne umkreisen wie z. B. die Erde unsere Sonne

S. 158

Spaceshuttle US-amerikanischer Raumfährentyp, der mehrmals wieder eingesetzt werden kann. Spaceshuttles landen wie Flugzeuge auf einer Rollbahn.

S. 162

Spektrograf Instrument zur Zerlegung von Licht (meist das eines Sterns) in ein Spektrum aus Farben

S. 174

Spektroskopie Untersuchung von Lichtstrahlen, die Objekte im Weltall aussenden, etwa Sterne oder Staubwolken, um mehr darüber zu erfahren

S. 174

Spektrum Farbgruppe, die entsteht, wenn ein elektromagnetischer Strahl in verschiedene Wellenlängen aufgeteilt wird. Jede Farbe in dem Spektrum entspricht einer Wellenlänge.

S. 174

Strahlung Energieform, die durch die Ausbreitung elektromagnetischer Wellen oder Teilchen entsteht

S. 44

Stromlinienform Form eines Körpers, die vorne rund ist und am Ende spitz zuläuft, wie z. B. ein U-Boot. Der Körper wird dann von Wasser oder Luft leichter und schneller umflossen, was Turbulenzen verhindert und die Geschwindigkeit steigert.

S. 108

Supercomputer besonders großer und leistungsfähiger Großrechner

S. 54

Supernova Explosion eines Sterns am Ende seiner Entwicklung und vor seiner Vernichtung, wobei er kurzzeitig so hell aufleuchtet wie eine ganze Galaxie

S. 166

Täler Vertiefungen auf der eingebrannten Tonspirale einer CD, die im Wechsel mit den Bergen das Muster für den abtastenden Laserstrahl ergeben. Umgewandelt wird es zu Musik oder Computerdaten.

S. 74

Tauchboot stabiles Unterwasserfahrzeug, das hauptsächlich zu Forschungszwecken eingesetzt wird und viel tiefer tauchen kann als ein U-Boot (bis zu 6500 m). Tauchboote haben meist Motoren und können sich selbstständig auf dem Meeresboden fortbewegen.

S. 120

Taucheranzug wasserdichter, wärmender Schutzanzug für Taucher mit Helm, der durch einen Schlauch mit Druckluft versorgt wird

S. 96

Taucherkrankheit gefährlicher Zustand, in den Taucher versetzt werden können, wenn sie zu rasch aufsteigen und Stickstoffbläschen aus der geatmeten Druckluft im Blut sie krank machen, schlimmstenfalls sogar töten

S. 96

Tauchroboter kabel- oder batteriebetriebenes Unterwasserfahrzeug, das (oft unbemannt) zu Forschungszwecken oder zur Wartung unter Wasser eingesetzt wird
S. 128

Tauchzellen Tanks, die in U-Booten beim Tauchen mit Wasser gefüllt werden, sodass das Boot schwerer wird und absinkt. Zum Auftauchen füllt man sie wieder mit Luft.
S. 108

Telearbeit Arbeit, die von zu Hause aus am eigenen Heimcomputer erledigt werden kann
S. 66

Telefax Faxgerät zur Übermittlung schriftlicher Nachrichten über das Telefonnetz. Auch: die über ein Faxgerät versandte Nachricht
S. 58

Telefon Apparat, der ein Gespräch mit jemandem ermöglicht, der sich außer Hörweite befindet. Im Mundstück des Hörers werden Schallwellen in elektronische Signale umgewandelt, im oberen Lautsprecher des Hörers werden sie beim Gesprächspartner wieder in Töne zurückverwandelt.
S. 36

Telegraf Apparat, der aus einem Code langer und kürzerer elektronischer Signale bestehende Nachrichten über weite Entfernungen versendet
S. 36

Thorium radioaktives chemisches Element, das nach dem nordischen Donnergott Thor benannt wurde und als atomarer Brennstoff verwendet wird
S. 44

Tiefenruder Teil der Steuerung eines U-Bootes, mit dem es unter Wasser drehen und seinen Ab- oder Auftrieb verändern kann
S. 108

Tiefsee unterste Schicht des Meeres, direkt über dem Meeresboden, in der es kein Licht mehr gibt und der enorme Wasserdruck jeden Menschen oder jedes Landtier erdrücken würde
S. 96

Tiefseefische Fische, die sich den harten Lebensbedingungen in der Tiefsee angepasst haben
S. 104

Tiefsee-Rinnen Gräben im Meeresboden, welche die am tiefsten gelegenen Teile der Erdoberfläche (gemessen wurden bis zu 11000 m) darstellen
S. 120

Trägerwelle Radiowelle, die auf einer bestimmten Frequenz gesendet wird und die die Töne (Musik, Stimmen etc.) in Form von elektromagnetischen Signalen zum Empfänger trägt
S. 24

Treibstoff Stoff, dessen Verbrennung Energie für den Antrieb von Maschinen freisetzt, etwa Benzin zum Antrieb von Automotoren
S. 142

Turbulenzen Störungen des Wasser- oder Luftstroms, die meist durch ein Fahrzeug oder das Wetter verursacht werden
S. 108

U-Boot Schiff, das unter Wasser ebenso fahren kann wie an der Oberfläche. U-Boote werden größtenteils militärisch genutzt.
S. 108, 116

UNIVAC Abkürzung für »universal automatic computer«, englisch für universeller automatischer Rechner: bis in die 1970er-Jahre eingesetzter erfolgreicher Großrechner, der im Gegensatz zu früheren Computern mit Zahlen und auch mit Buchstaben rechnen konnte. Seine Ein- und Ausgabeeinheiten waren erstmals vom Hauptrechner getrennt.
S. 54

Unterwasserstation unter der Wasseroberfläche errichtete bemannte Forschungsstation mit speziellen Atemlufttanks, in der man wochenlang durchgängig leben kann
S. 132

Vakuum-Birne Glühbirne, aus deren Kolben die Luft herausgepumpt wurde. Sie wurde früher für Glühlampen verwendet, heute sind diese meist mit einem Schutzgas gefüllt.
S. 40

Verbrennung die Verbrennung von Treibstoff zum Antrieb von Maschinen, vor allem Fahrzeugen
S. 142

virtuelle Realität vom Computer künstlich erschaffene dreidimensionale Umgebung, in der der Benutzer sich fühlen soll, als sei er Teil dieser Welt und könne sich darin bewegen wie in der Realität
S. 86

VR-Helm Hilfsmittel zum Erleben der virtuellen Realität, dessen winzigen Bildschirme dem Benutzer das Bild und Lautsprecher ihm die Töne der künstlichen Computerwelt vorspielen
S. 86

Wasserdruck Druck, der auf einen Körper unter Wasser durch das umgebende Wasser ausgeübt wird. Dieser Druck steigt, je tiefer man taucht.
S. 96

Wasserkraft Energie, die durch die Bewegung von Wasser entsteht, das ein Rad oder eine Turbine antreibt, welche wiederum einen Generator antreiben, der Strom erzeugt
S. 32

Website elektronische Adresse im World Wide Web. Zu einer Site gehören meist zahlreiche Webseiten mit Multimedia-Informationen. Websites ruft man mit einem Browser über das Internet auf.
S. 78

Weltall auch: Kosmos, Universum, die Gesamtheit aller Dinge, die Welt auch außerhalb der Erde
S. 146

Weltraum Raum außerhalb der Erde, insbesondere verwendet für den Raum um die Sterne und Planeten unseres Sonnensystems
S. 146

Weltraumteleskop Teleskop, das im Weltraum außerhalb der Erdatmosphäre arbeitet und daher von der gekrümmten Erdatmosphäre ungestörte Aufnahmen aus dem Weltraum senden kann
S. 170

Xenon chemisch reaktionsträges Edelgas, das farb-, geschmack- und geruchlos ist und aufleuchtet, wenn Elektrizität hindurchfließt
S. 90

Zwischendeck Bereich eines Raumfahrzeugs unter der Besatzungskabine, in dem auf Forschungsmissionen Wissenschaftler untergebracht werden können
S. 162

Fotonachweis / Kapitel 1

H. & J. Blackwell/Trip: 23 oben. Steve Brock/Eye Ubiquitous: 36 unten
James Davis Travel Photography: 35 oben. J. Ellard/Trip: 44 unten.
P. M. Field/Eye Ubiquitous: 15 oben. W. Jacobs/Trip: 32 unten.
Darren Maybury/Eye Ubiquitous: 39 oben. John Miles/Eye Ubiquitous: 43 unten.
Brian Mitchell/Photofusion: 20 oben. Gianni Dagli Orti/Corbis: 48 oben.
Chris Parker/Hutchison Picture Library: 27 oben. Topham Picturepoint: 28 unten.
Picturesque/Trip: 16 unten. Roger Ressmeyer/Corbis: 19 oben.
H. Rogers/Trip: 11 oben. Paul Seheult/Eye Ubiquitous: 40 unten.
Dr Nigel Smith/Hutchison: 31 oben. G Stokoe/Trip: 24 unten.
Trip: 47 oben. Graham Wheatley/Eye Ubiquitous: 12 unten.

Fotonachweis / Kapitel 2

Bettmann/Corbis: 54 unten.
BSIP/SPL: 82 unten.
Philippe Gontier/Image Works/Topham: 78 unten.
David Grossman/Image Works/Topham: 70 unten.
Willie Hill Jr/Image Works/Topham: 73 oben.
Image Works/Topham: 62 unten.
Natural History Museum, London: 89 oben.
PA/Topham: 66 unten.
Photri/Topham: 74 unten, 85 oben.
Picturepoint/Topham: 53 oben, 57 oben, 69 oben, 77 oben, 81 oben, 86 unten.
H Rodgers/Art Directors & Trip: 58 unten.
Science Museum, London/HIP/Topham: 61 oben, 65 oben.
Joe Sohm/Image Works/Topham: 90 unten.

Fotonachweis / Kapitel 3

Art Directors and Trip: 96 unten, 108 unten, 119 oben.
Bettmann/Corbis: 131 oben.
Ecoscene: 99 oben.
Steve Kaufman/Corbis: 125 unten.
Courtesy of the Institute for Exploration, Mystic, Connecticut: 128 unten.
IWM/TRH Pictures: 115 oben.
PA/Topham: 95 oben.
Photri/Topham: 120 unten, 132 unten.
Picturepoint/Topham: 100 unten, 103 oben, 107 oben, 111 oben, 116 oben.
Bruce Robison/Corbis: 104 unten.
Jeffrey L. Rotman/Corbis: 112 unten.
TRH Pictures: 123 oben.
UPPA/Topham: 127 oben.

Fotonachweis / Kapitel 4

NASA: 137 oben, 138 unten, 141 oben, 142 unten, 146 unten, 149 oben, 150 unten, 153 oben, 154 unten, 157 oben, 158 unten, 161 oben, 162 unten, 166 unten, 169 oben, 170 unten, 173 oben.
National Optical Astronomy Observatories/SPL: 174 unten.
Picturepoint/Topham: 145 oben.
Rolf Purpa/AKG Images: 165 oben.

Mehr Experimente für Kinder ab 8 Jahren

ISBN 10: 3-8112-2692-4
ISBN 13: 978-3-8112-2692-0

192 Seiten, durchgehend farbig illustriert

gondolino

Versuche für Forscher und Tüftler
ab 9 Jahren

ISBN 10: 3-8112-2292-9
ISBN 13: 978-3-8112-2292-2

264 Seiten, durchgehend farbig illustriert

gondolino